AUTRES OUVRAGES DES MAÎTRES DE LA FRATERNITÉ BLANCHE

~ 1 ~

Livre

Le livre de l'Homme Nouveau

~ 2 ~

Livre

Les Clefs d'Ascension
ou
La parole des Maîtres de la fraternité Blanche

~ 3 ~

CD

Saint-Germain :
Sa Voix, Son Message, Ses Révélations, Sa Promesse

~ 4 ~

CD

Enracinement et détente pour un meilleur équilibre
du Corps, de l'Âme et de l'Esprit

WILLIS GEORGE EMERSON

LA TERRE INTÉRIEURE

OU LE PARADIS TERRESTRE RETROUVÉ

Compilé et présenté par Ischaia

Les éditions Saint-Germain-Morya

Titre original anglais : The Smoky God - 1908
Auteur : WILLIS GEORGE EMERSON
Illustrations : JOHN A. WILLIAMS
Copyright : Les Éditions Saint-Germain-Morya Inc.
6389 rue d'Iberville, Montréal, QC, Canada, H2G 2C5
Courriel : ischaia@sympatico.ca
Traduction : Louis Lambert
Correction et révision : Louis Lambert
Illustration de la couverture : Michel Lambert
Infographie : Michel Lambert
Tous les droits photographiques sont réservés (D.R.)
Dépôt légal : 2e trimestre 2007
Bibliothèque nationale du Canada
Bibliothèque nationale du Québec
Diffusion Raffin
Imprimé au Canada
Première impression : mars 2007
Données de catalogue avant publication (Canada)
La Terre Intérieure ou le paradis terrestre retrouvé
Récit- ésotérisme.
ISBN-13 : 978-2-923568-01-0

DÉDICACE

À mon amie et compagne

BONNIE EMERSON,

mon épouse

REMERCIEMENTS

Nous sommes heureux de présenter, pour la première fois en langue française, ce récit incroyablement extraordinaire du voyage au centre de la Terre. Nous l'offrons à tous les enfants de la Vie, car la Terre est leur héritage sacré. Nous le faisons pour honorer la mémoire d'Olaf Jansen et de son père, Jens Jansen. Si ce message touche votre cœur, les années d'affreuses souffrances qu'Olaf Jansen a passées dans un asile psychiatrique, pour avoir voulu éclairer les hommes sur la réalité de la Terre Intérieure, n'auront pas été vaines.

Sans l'aide de nos collaborateurs, Amis de la Lumière, cette réalisation aurait été impossible.

Nous adressons nos sincères remerciements à Nicole Lapointe qui nous a offert ce manuscrit : un petit geste de générosité porte toujours ses fruits. Merci à Marguerite Busque pour son aide si généreuse à la copie des textes. Merci à nos conseillers, AMIS et supporteurs Christian et Odette Jalabert ainsi qu'Alain et Rina Gualezzi. Un grand merci à Michel Lusignan, Louis Lambert, Raymond Tiseo, Terry Fiorelli, Gabrielle Ledain Simic et Ida de leur accompagnement. Un grand merci à Michel Lambert, Florence Lebel, Nicole et Erhard Leuchtmann de leur support et de leur amitié.

Avec amour et gratitude nous remercions, au nom de tous nos Frères, les Maîtres de l'Agartha et ceux de Shambhala, ces Maîtres de la Fraternité de Lumière, de leur guidance et de leur Divine protection dans cette aventure vers l'Ascension.

Soyez patients, nous nous approchons !

« Tant que nous n'aurons pas renoncé à nos instincts guerriers, détruit et enterré toutes les armes nucléaires ; tant que
nous n'aurons pas établi un gouvernement mondial avec
une seule justice, une seule police et que nous n'aurons
pas réorganisé notre système économique et financier sur
une base plus équitable ; en un mot, tant que nous ne serons
pas devenus meilleurs que nous sommes, il y a de grandes
chances que ce Monde souterrain nous soit interdit et que
nous ne puissions que rêver aux merveilles de cette fabuleuse civilisation. »

« Il est le dieu qui demeure au centre, au noyau, de la Terre
et il est l'interprète de la religion pour toute l'humanité. »

Platon

LES GARDIENS DE LA PLANÈTE

Nous remercions et appuyons tous les GARDIENS de la planète qui luttent sans répit pour la protection de l'environnement, en dénonçant les actions et les irrégularités qui menacent la vie de l'homme et celle des espèces animales et végétales, posant constamment des gestes concrets pour défendre notre « Mer-Terre ». Parmi eux, citons :

GREENPEACE

Ces hommes, des PHARES, des guerriers de la Lumière, pour la cause écologique.

LES FAUCHEURS OGM VOLONTAIRES

Ils traverseront le pont vers la Terre de demain qu'ils protègent dans l'amour et dans la non-violence. Vous n'êtes jamais seuls.

MONSIEUR JOSÉ BEAUVAIS

Héros du combat écologique, un être de Lumière le guide. Il est notre FRÈRE à tous.

TOUS LES AMIS DE LA TERRE QUI AGISSENT DANS LE SILENCE

Peu importe si les hommes vous ignorent, la Lumière est au cœur de vos actions.

MONSIEUR ALEXANDRE MORYASON

Son travail est discret et si efficace pour la planète.

SA SAINTETÉ LE DALAÏ LAMA

Internationalement reconnu dans son engagement en faveur de la paix et de la libération du Tibet. Il représente un modèle d'accomplissement spirituel et un médiateur exemplaire de sagesse et de paix. Infatigablement, il milite sans relâche et toujours dans la voie de la non-violence, proposant un Tibet démocratique et autonome au sein d'une union avec la Chine. Il est un être de Lumière parmi nous.

LES MILITANTS POUR LA PAIX

Nous remercions et appuyons le travail de tous ceux qui oeuvrent à soulager la souffrance en aidant l'Homme à entrer en lui-même, car la solution à toutes les souffrances et à tous les maux est dans le soi que l'on contacte en son cœur.

Tous ces Alliés de la Lumière ont besoin de nos prières de protection.

La menace et la peur ne doivent pas nous freiner quand il s'agit de véhiculer ce que nous savons être la vérité; cette vérité qui rend l'Homme libre. Jésus a dit : « Qui voudra sauver sa vie la perdra. Mais qui perdra sa vie à cause de moi, la trouvera. » Il vaut mieux accepter de porter sa croix et renoncer à vivre que de perdre son âme en détruisant les liens de solidarité, d'amour inconditionnel, de charité et de partage que l'on doit entretenir avec chacun, sans exclure personne. On peut bien nous couper de la vie terrestre mais, par nos racines de Lumière, nous repousserons encore plus forts et plus vivaces pour continuer à servir, à nourrir nos Frères et à protéger notre Mer-Terre.

INTRODUCTION

Depuis l'aube des temps, toutes les races humaines véhiculent les mêmes traditions concernant l'existence d'un Paradis terrestre. Dans les écrits les plus anciens d'Europe, d'Asie Mineure, du Tibet, de la Chine, de l'Inde, de l'Égypte, d'Afrique et d'Amérique, il est fait mention de cette terre sacrée, connue seulement des gens qui en sont dignes par leur innocence et la pureté de leur cœur.

Tout l'amour, toute la beauté et aussi toutes les eaux du monde viennent de ce lieu qui abonde en champs et en jardins merveilleux et qu'il convient d'appeler le Paradis terrestre. Certaines portes subtiles et grottes autour du monde permettent d'accéder à ce lieu. En l'Homme qui est créé à l'image de la Terre, à l'image de l'Univers, il y a de ces portes qui sont soit physiques (les yeux, les oreilles, la bouches, les narines, l'anus, le méat urinaire, le vagin, sans oublier les pores) soit subtiles (les sept chakras, les points d'acupuncture et d'autres centres plus importants situés dans son aura). Il existe aussi plusieurs dimensions habitées par des mondes connus seulement des grands maîtres.

À l'image de l'Homme, la Terre a une vie et une organisation à l'intérieur comme à l'extérieur. C'est en sachant cela que les maîtres de Sagesse invitent l'Homme à entrer en lui-même, car ces espaces intérieurs existent vraiment et peuvent être visités par la méditation ou la visualisation.

Ce sont des moyens parmi d'autres qu'ils ont choisis pour mieux se connaître, pour ascensionner dans la Lumière et pour visiter les différents mondes.

Il est étonnant de constater la grande discrétion dont font preuve les officiels du monde entier concernant l'Arctique et l'Antarctique alors que depuis plus de deux siècles des témoignages de gens dignes de foi et de chercheurs fournissent des informations et des preuves pertinentes sur les pôles, ces deux grandes portes ouvertes sur la Terre intérieure.

Pour se fermer à une vérité que l'Homme n'a pas le courage d'accepter, qu'elle soit d'ordre spirituel, ésotérique ou scientifique, il la qualifie de romanesque, de légende, ou tout simplement de ridicule. Car face à la vérité, des responsabilités s'imposent. De plus, les gouvernements du monde, sous prétexte de protéger leur peuple, conspirent à maintenir certaines informations top secret pour des raisons connues seulement d'eux et d'une petite poignée d'hommes, leurs complices, qui semblent y trouver leur intérêt.

Reconnaître que la Terre est creuse c'est accepter qu'il y a, à l'intérieur de soi, un espace infiniment vide, un espace merveilleux, infiniment lumineux, que l'on pourrait habiter. Reconnaître que la Terre est creuse c'est accepter de faire une démarche intérieure, une démarche vers soi, pour la découvrir, l'appréhender. Notre Terre est comparable à l'intérieur d'une maison où l'on vit à l'abri des tempêtes, du froid, de la chaleur intense et des intempéries que l'on connaît en surface. Beaucoup, consciemment ou inconsciemment, recherchent ce Paradis terrestre. Mais ils se perdent dans les sous-sols et les labyrinthes de la matérialité d'où seule une ouverture sur ce monde intérieur permet de sortir. L'accès à ce Paradis terrestre passe par soi, par son cœur; le chemin, hélas, le moins fréquenté.

Cet ouvrage nous fait réaliser que nous pouvons enfin rentrer à la maison où nous pouvons vivre dans la paix, dans l'amour et dans la dignité. Il ouvre une porte sur les mondes intérieurs où nous attendent nos grands frères, notre famille.

En ayant une attitude responsable, nous y serons accueillis en dignes fils et filles d'un père et d'une mère qui sont divinement aimants. L'accueil se mérite. L'effort est requis. Ceux qui vivent dans l'amour et le partage, qui se sont allégés en purifiant leur cœur, se retrouveront dans la terre promise; là poussent les fleurs les plus belles, les plus odorantes, les plus rares et les plus subtiles, qui sont encore inconnues du commun des mortels. Si ce monde de lumière semble désertique à ceux qui s'en sont approchés, c'est parce que les richesses matérielles pour lesquelles certains ont vendu leur âme n'y ont aucune valeur. L'essentiel est dans le cœur et dans l'amour que l'on donne en partage. Nous nous demandons souvent comment vivent les gens dans les pays de neiges éternelles. L'amour les protège car, comme les oiseaux, ils sont légers et sans bagages.

Nous souhaitons que ce livre ouvre les portes à une meilleure compréhension de notre Mère Terre, tout en nous mettant face à la responsabilité que nous avons de la protéger pour préserver notre mémoire; car en Agartha sont conservés les trésors de la pensée humaine et les fabuleuses richesses des âges passés.

POURQUOI J'AI DÉCIDÉ DE TRADUIRE ET D'ÉDITER CE LIVRE EN FRANÇAIS

À mesure que nous avançons sur le chemin de l'évolution, nous nous questionnons sur le sens de notre vie et sur le but de l'existence sur Terre. *Quand l'élève est prêt, le maître apparaît.* Ce livre m'a été offert comme une réponse, comme une présence, une injonction venue des hautes sphères. Quand on regarde toujours vers le ciel, n'est-il pas normal qu'il nous en tombe les réponses à toutes nos questions ?

De prime abord, j'étais curieuse. Puis, à mesure que je progressais dans la lecture de ce récit, je devenais fiévreuse, agitée. Et après en avoir terminé la lecture, j'ai ressenti comme un grand stress, une urgence de partager au plus vite cette information, cette vérité révélée. Je l'ai reçue comme le son d'une trompette annonçant la fin de la récréation, car j'ai une mission, celle de la diffuser.

Pour que le mal triomphe, il suffit que les gens de bien qui sont aptes à agir ne fassent rien, soit par peur, par indifférence ou par manque de vision. « La Vérité nous affranchira du mal ! » Celle présentée dans cet ouvrage peut, comme une bombe, exploser et transformer la planète dans ses couches les plus profondes. Et ce sera la fin de la misère, la fin de la prison, la fin de l'exil pour les enfants de Gaïa.

Que faire ? C'est trop important, c'est trop grand. Certains, sans avoir lu cet ouvrage, auront peut être des opinions défavorables pour rejeter du revers de la main ces informations. C'est compréhensible, car la vérité, tout en libérant l'Homme, exige certaines responsabilités. Il faut accepter que tous ne soient pas ouverts à certaines vérités profondes, mais durant les vingt dernières années, l'Homme a grandement évolué vers son cœur. Un très grand nombre de gens sont prêts à faire un pas de plus vers une nouvelle étape dans la connaissance et dans la compréhension de leur être, de notre monde et de notre Terre. Ils sont aussi prêts à assumer leur part de responsabilité. Cette démarche est essentielle car notre planète est très malade; elle est dans l'agonie et livre son dernier cri d'alarme contre l'ignorance, l'inconscience, l'indifférence et l'incapacité d'un petit groupe d'individus à saisir la portée de leurs actions irréfléchies, menaçant ainsi la vie de toutes les espèces. Ils se donnent le droit et le pouvoir de décision pour la grande majorité des enfants de Dieu sur la Terre.

Pourquoi ? Parce que la majorité des gens aiment leur petit confort et trouvent normal de laisser un petit groupe de gens sans scrupules décider de leur vie, de leur santé et de leur avenir. Ayant subi un lavage de cerveau par des émissions de télévision et de radio faits pour endormir, ils s'en remettent totalement au pouvoir public.

Un grand nombre de gens croient ne rien manquer des nouvelles de notre monde en lisant tous les journaux, mais en réalité, l'information est contrôlée et tout est fait pour garder top secret les découvertes capables de libérer la conscience. Dans plusieurs domaines (santé, communications, environnement, etc.) des milliards de dollars sont investis dans la recherche; mais en réalité, que recherche-t-on sinon les moyens de contrôler, de manipuler la masse pour mieux l'asservir ?

L'Homme est allé trop loin dans son insouciance des dommages qu'il cause à la Terre. Les pollutions de toutes sortes qu'elle a subies au fil des millénaires sont aujourd'hui irréparables, irrémédiables par les moyens dont nous disposons.

Avant qu'il ne soit trop tard, saura-t-il saisir la main de la dernière chance, cette main amie qui seule peut éviter une catastrophe presqu'irrévocable ? Certains ne jurent que par la science. Pour se déresponsabiliser, ils ont cette phrase toute faite : « ce n'est pas scientifiquement prouvé. » La science avouera son échec devant le fléau que représentent les maladies comme le cancer, le sida et d'autres maladies dont certains médicaments ne font qu'accentuer la chronicité. Sans oublier, bien entendu, les pollutions de toutes sortes qui sont la cause de la disparition des abeilles et d'autres insectes et espèces animales. Peu de gens réfléchissent aux conséquences de la disparition des abeilles et des insectes...

« Tu as empoisonné l'air
Tu as pollué les eaux
Tu as épuisé la terre
Mais le feu, tu n'y as pas touché
Et celui-ci ne t'a pas atteint
Mais il te brûlera
Comme la lumière dévore l'obscurité.
De l'espace, je susciterai de nouveaux feux
Qui pulvériseront tes ouvrages.
Prince des ténèbres, prends garde au feu ! »

Ceux qui nous cachent la vérité sous prétexte de nous protéger devraient comprendre que nous sommes sur la Terre comme sur un grand bateau et qu'ils n'en sont pas les capitaines. La planète est gérée extérieurement par ceux qui n'ont fait que la piller, la voler, la détruire, ne pensant qu'à s'enrichir ; ils devront faire face à l'évidence que leurs efforts pour tout monopoliser, tout accumuler, tout posséder n'aura servi à rien, car « il est plus facile pour un chameau de passer par le chas d'une aiguille que pour un homme *riche* de franchir les portes du paradis. » Quel héritage ces hommes et ces femmes croient-ils léguer à leurs enfants quand tout aura basculé comme il y a 12 000 ans ? Répondons nous-mêmes à cette question en reconnaissant la crise qui nous menace.

L'humanité est mise à l'épreuve. Nous sommes confrontés à un très grand défi. Pour le relever, nous devons adopter de nouvelles priorités, de nouvelles valeurs, ces valeurs anciennes qui sont : l'amour, la compassion, le contentement, le partage, le respect de soi, de la nature et de son prochain ; le respect des enfants, le sentiment d'appartenance à la famille, à la communauté ; l'amour de soi, car en Soi, Dieu se manifeste dans toute Sa Splendeur, Sa Lumière, Sa Beauté et Sa Compassion.

Un troupeau ne change pas. Ne changera pas non plus la masse que l'on prend soin d'anesthésier, d'endormir par les cocktails magiques servis dans les romans, les feuilletons à l'eau de rose. Mais chaque individu qui change son attitude et son comportement, qui se conscientise, fait reculer la masse ignorante qui devient peu à peu une masse consciente. Mais il faut du courage pour accepter sa différence, son unicité.

Nous avons pour devoir d'utiliser tous les moyens dont nous disposons pour établir la Lumière dans les Ténèbres. Qui donc ne s'éveillera pas lorsque d'abominables rugissements violeront l'équilibre planétaire ? Lorsque des nuages épais cacheront les moindres lueurs venant du Soleil ? Seuls les morts resteront silencieux. Agissons avant qu'il ne soit trop tard !

L'Homme doit s'efforcer d'être plus compatissant, à l'écoute des plus démunis et de partager ses richesses. Aujourd'hui, malgré toutes ses richesses matérielles évaluées à des millions, des milliards, l'Homme est pauvre car tout peut basculer en un clin d'œil, toute la matérialité qu'il a toujours accumulée au détriment de l'essentiel.

D'après une étude des Nations Unies, les 2% des ménages les plus riches au monde possèdent plus de la moitié du patrimoine total des ménages. À l'inverse, la moitié la plus démunie de la population mondiale possède à peine 1% du total de la richesse... n'est-ce pas une honte ?!

La Terre a connu plusieurs renversements des pôles qui sont tous survenus à un âge sombre où les valeurs du cœur faisaient défaut, où la matérialité occupait trop de place dans la vie des hommes. Si nous voulons survivre, nous devons monopoliser toutes nos ressources pour réparer les dégâts, s'il n'est pas déjà trop tard; car la pollution des réserves d'eau douce et celle de la mer, la pollution des aliments, la déforestation massive, la destruction des sols par la culture intensive, les pluies acides qui tuent nos lacs et forêts, le grand danger des produits transgéniques, les OGM, la destruction de la couche d'ozone, les émissions de gaz carbonique et de méthane qui causent le réchauffement de la planète, la disparition des espèces animales qui précède celle de l'homme, toutes les maladies engendrées par la pollution, les guerres, la faim, la haine entre les hommes, sont des signes avant-coureurs de la fin de notre monde.

Je souhaite que cet ouvrage apporte une partie de la solution; mais il demeure que chacun doit se réveiller à temps et faire sa petite part qui nous permettra d'espérer un lendemain meilleur.

Ischaïa

LE DIEU DE BRUME

PARTIE I

PRÉFACE DE L'AUTEUR

Je crains que le récit que je m'apprête à relater, une histoire qui semble incroyable, ne soit plus interprété comme le produit d'un esprit retord, séduit par le prestige de dévoiler un merveilleux mystère, que comme le récit véridique d'expériences sans précédents, tel que le ferait un Olaf Jansen, dont la fougueuse éloquence a tant captivé mon imagination qu'elle ne laissa place en mon esprit pour aucune possibilité de critique analytique.

Marco Polo se retournerait sans aucun doute dans sa tombe à l'écoute de l'étrange histoire que je suis sur le point de raconter; une histoire aussi étrange qu'un conte de Munchausen. Il est aussi pour le moins incongru que moi, un incrédule, ait été choisi pour éditer l'histoire d'Olaf Jansen dont le nom est, pour la première fois, divulgué au public, mais qui devrait, après cette sortie de l'ombre, être classé parmi les personnes les plus remarquables au monde.

J'admets volontiers que ses paroles ne permettent aucune analyse rationnelle, mais elles concernent un sujet qui intéresse aussi bien les scientifiques que les profanes depuis des siècles : le profond mystère entourant l'extrême nord.

Quel que soit leur degré de digression avec les manuscrits cosmographiques de l'époque, ces propos simples devraient être perçus comme le récit des choses qu'Olaf Jansen affirme avoir vues de ses propres yeux.

Je me suis demandé des centaines de fois s'il est possible que la géographie de la terre soit incomplète et que le surprenant récit d'Olaf Jansen soit fondé sur des faits vérifiables. Le lecteur pourra arriver à répondre à ces questions à sa propre satisfaction, que le chroniqueur de ce récit soit ou non convainquant. Néanmoins, il m'arrive parfois de ne plus savoir si je me suis laissé entrainer à partir d'une vérité abstraite par l'*ignes fatui* d'une habile superstition, ou si les faits acceptés jusqu'ici comme véridiques ne sont pas, après tout, fondés sur la fausseté.

Il se pourrait que la véritable demeure d'Apollon ne fut pas à Delphes, mais plutôt dans ce plus antique centre de la Terre dont parle Platon lorsqu'il dit : « La véritable demeure d'Apollon est parmi les Hyperboréens, dans un monde où la vie est éternelle, où la mythologie nous dit que deux colombes volant des deux extrémités opposées du monde se rencontrèrent dans cette belle contrée, demeure d'Apollon. En effet, selon Hecateus, Léto, la mère d'Apollon, serait née sur une île de l'océan Arctique bien au-delà du Vent du Nord. »

Il n'est pas dans mon intention de partir un débat sur la théogonie des divinités ni sur la cosmogonie du monde. Ma seule tâche est d'éclairer le monde sur une partie jusqu'ici inconnue de l'univers, telle qu'elle a été vue et décrite par le vieux Scandinave, Olaf Jansen.

L'intérêt pour la recherche nordique est international. Onze nations sont impliquées, ou ont contribué, au périlleux travail de recherche pour tenter de résoudre le seul mystère cosmologique de la Terre encore existant.

Un dicton vieux comme le monde dit : « La réalité dépasse la fiction » et c'est d'une bien étrange façon que cet axiome se vérifia chez moi, au cours des deux dernières semaines.

Il était à peine deux heures du matin lorsque je fus tiré d'un sommeil réparateur par le bruit insistant de la sonnerie de ma porte d'entrée. Le visiteur inopportun se révéla être un messager m'apportant un mot presque illisible de la part d'un vieux Scandinave du nom d'Olaf Jansen. Après beaucoup de décryptage, je parvins à lire le texte qui disait simplement : « Je suis mourant. Venez vite. » L'appel était impératif et je me préparai à obtempérer sans perdre de temps.

Peut-être devrais-je préciser qu'Olaf Jansen, un homme qui venait tout récemment de fêter ses quatre-vingt-quinze ans, vivait seul depuis environ six ans, dans un modeste bungalow près du Glendale way, non loin du quartier des affaires de Los Angeles, en Californie.

Il y a environ deux ans, un après-midi, alors que je me promenais, je fus attiré par la maison d'Olaf Jansen et son environnement accueillant, vers son propriétaire et occupant qui, comme je l'appris par la suite, était un adepte de l'ancien culte des dieux Odin et Thor.

L'homme avait un visage empreint de douceur et une expression de profonde bienveillance se dégageait de ses yeux gris au regard très vif, malgré le fait qu'il avait vécu plus de neuf décennies; il dégageait aussi une impression de solitude qui attira ma sympathie. Ce jour où nous nous sommes rencontrés, il déambulait d'un pas lent et régulier, légèrement courbé, les mains jointes derrière le dos. Je ne sais pas ce qui me poussa à interrompre ma promenade et engager la conversation avec lui. Il parut content lorsque je le complimentai sur le charme de son bungalow, ainsi que sur les plantes grimpantes et les fleurs bien entretenues qui poussaient à profusion à ses fenêtres, sur son toit et sa vaste véranda.

Je découvris rapidement que ma nouvelle connaissance n'était pas quelqu'un d'ordinaire, mais quelqu'un de profond et d'une rare culture; un homme qui, dans les dernières années de sa longue vie, s'était plongé dans l'étude approfondie de plusieurs livres et était devenu un maître dans le pouvoir du silence méditatif.

Je l'encourageai à parler et appris bientôt qu'il n'avait vécu que six ou sept ans dans le sud de la Californie, après avoir demeuré une douzaine d'années dans l'un des états du centre de la côte est des États-Unis. Avant cela, il avait travaillé comme pêcheur le long des côtes norvégiennes, dans la région des Îles Lofoten, d'où il avait effectué des voyages encore plus au nord, à Spitzberg et même jusqu'à l'Archipel François-Joseph.

Comme je m'apprêtais à partir, il sembla vouloir que je reste et me demanda de revenir le voir. Quoique je n'y prêtai pas attention sur le moment, je me souviens maintenant qu'il fit une étrange remarque alors que je lui tendais la main pour prendre congé : « Vous reviendrez, n'est-ce pas ? », demanda-t-il. « Oui, vous reviendrez un jour. J'en suis sûr; et je vous montrerai alors ma bibliothèque et vous raconterai plusieurs choses auxquelles vous n'avez même jamais rêvé, des choses si merveilleuses qu'il est possible que vous ne me croyiez pas. »

Je l'assurai alors en riant que non seulement je reviendrais, mais que j'étais prêt à croire tout ce qu'il déciderait de me raconter de ses voyages et ses aventures.

Dans les jours qui suivirent, j'appris à bien connaître Olaf Jansen et, petit à petit, il me raconta son histoire, tellement merveilleuse, dont l'audace même défie la raison et les croyances. Mais le vieux Scandinave s'exprimait toujours avec tant d'ardeur et de sincérité, que je fus littéralement captivé par ses étranges récits.

Puis, le messager vint chez moi, cette nuit-là et dans l'heure qui suivit, je me rendis chez Olaf Jansen.

Même si je me précipitai à son chevet sitôt après avoir reçu son message, la longue attente l'avait rendu très impatient.

« Je dois me hâter », s'exclama-t-il, alors qu'il me tenait encore la main. « J'ai tant de choses à vous dire que vous ignorez encore et je ne ferai confiance à personne d'autre qu'à vous. Je réalise parfaitement », poursuivit-il en toute hâte, « que je ne passerai pas la nuit. Le temps est venu pour moi de rejoindre mes ancêtres dans le grand sommeil. »

Je replaçai ses oreillers pour qu'il soit plus confortable et l'assurai que j'étais heureux de pouvoir lui rendre service de toutes les façons possibles, car je commençais à réaliser la gravité de son état.

L'heure tardive, le calme qui régnait, l'étrange sensation de me retrouver seul avec le mourant, l'étrangeté de son récit, tout cela mis ensemble fit battre mon cœur plus fort et plus vite et me fit éprouver un sentiment jusqu'alors inconnu. D'ailleurs, plusieurs fois au cours de cette nuit-là, auprès du vieux Scandinave mourant et plusieurs fois par la suite, il arriva qu'une sensation plutôt qu'une conviction envahit mon âme, me faisant non seulement croire à ces étranges terres, cet étrange peuple et ce monde étrange qu'il décrivit, mais me les faisant aussi « voir » et me faisant « entendre » le majestueux chœur de milliers de voix puissantes.

Pendant plus de deux heures, il sembla habité par une force presque surhumaine, parlant rapidement et, visiblement, de façon rationnelle. Finalement, il me remit en mains propres quelques indications, dessins et cartes grossières. « Je laisse ceci entre vos mains », dit-il en guise de conclusion. « Je mourrai heureux si vous me promettez de les transmettre au monde, car je désire que les gens aient la possibilité de connaitre la vérité, car alors tout le mystère entourant les glaces polaires du nord sera élucidé. Il n'y a aucun risque que vous subissiez les mêmes atrocités que moi. Ils ne vous mettront pas aux fers ni ne vous placeront dans un institut psychiatrique, car ce n'est pas votre histoire que vous racontez, mais la mienne. Et moi, je rends grâce aux dieux Odin et Thor, car je serai dans ma tombe et serai ainsi à l'abri des non-croyants qui pourraient me persécuter.»

Sans penser une seconde aux implications à long terme soulevées par ma promesse, ni aux nuits blanches qu'elle me fit passer depuis ce temps, je donnai ma parole et m'engageai à accomplir sa dernière volonté.

Comme le soleil faisait son apparition au-dessus des cimes du San Jacinto, loin vers l'est, Olaf Jansen, le navigateur, l'explorateur et l'adorateur des dieux Odin et Thor, l'homme dont les expériences et les voyages, tels que rapportés, sont sans précédents dans l'histoire du monde, rendit l'esprit. Et je me retrouvai seul avec le défunt.

Et maintenant, après avoir rendu les derniers hommages à cet homme étrange qui venait des Îles Lofoten et même d'endroits encore plus au nord, ce courageux explorateur des régions glacées qui, au déclin de sa vie (après qu'il eut franchi le cap des quatre-vingt-cinq ans) avait recherché un havre de paix et de repos dans la Californie ensoleillée, je vais entreprendre de rendre publique son histoire.

Mais tout d'abord, permettez-moi une ou deux réflexions :

Les générations passent et les traditions d'un obscur passé sont transmises de père en fils mais, pour une raison étrange, l'intérêt pour l'inconnu enfermé dans les glaces ne décroît pas au fil des années, aussi bien pour l'esprit ignorant que pour l'esprit cultivé.

À chaque nouvelle génération, une incontrôlable impulsion incite le cœur des hommes à aller conquérir la citadelle cachée de l'Arctique, le cercle du silence, la terre des glaciers, les froids déserts d'eau gelée et les vents étrangement doux. Un intérêt grandissant se manifeste pour les icebergs géants et de merveilleuses hypothèses sont émises concernant le centre de gravité de la Terre, le berceau des marées où les baleines ont leurs crèches, où l'aiguille de la boussole s'affole, où l'aurore boréale illumine la nuit et où les braves et courageux esprits de toutes les génération osent s'aventurer et explorer, défiant les dangers de l'« extrême nord ».

Un des meilleurs ouvrages des dernières années est « Paradise Found, or the Cradle of The Human Race at the North Pole », par William F. Warren. Dans ce livre préparé avec soin, M. Warren a presque buté contre la réelle vérité, mais ne l'aurait raté que d'un cheveu, si les révélations du vieux Norvégien sont véridiques.

Un scientifique, le Dr Orville Livingston Leech, affirmait récemment dans un article : « La possibilité de l'existence d'un monde à l'intérieur de la Terre fut en tout premier lieu portée à mon attention lorsque je ramassai une géode sur les rives des Grands Lacs. La géode est une pierre sphérique et d'apparence solide mais, lorsque brisée, son intérieur se révèle être creux et tapissé de cristaux. La Terre n'est qu'une immense géode et la loi par laquelle la géode a été créée avec son centre creux a aussi, de toute évidence, façonné la Terre de la même façon. »

Afin de présenter le thème de cette histoire presque incroyable, telle que racontée par Olaf Jansen et complétée par un manuscrit, des cartes et des dessins grossiers qui m'ont été confiés, une introduction pertinente se trouve dans les citations suivantes :

« Au commencement, Dieu créa le ciel et la Terre ; or la Terre était informe et vide. » Et aussi, « Dieu créa l'homme à Son image. » Par conséquent, même avec les choses matérielles, l'homme doit être divin, car il est la ressemblance du Père.

Un homme construit une maison pour lui et sa famille. Les porches et vérandas sont tous à l'extérieur et sont d'importance secondaire. Le but réel de la bâtisse est d'avoir des commodités à l'intérieur.

À travers moi, qui ne suis qu'un humble instrument, Olaf Jansen a fait la surprenante déclaration que, de la même façon, Dieu créa la Terre pour son intérieur – ce qui revient à dire pour ses terres, mers, fleuves, rivières, montagnes, forêts et vallées et pour ses autres commodités internes, alors que la surface externe de la Terre ne représente que la véranda, le porche, où les choses ne poussent que très peu par comparaison, comme le lichen sur le flanc des montagnes se cramponant avec détermination pour une existence précaire.

Prenez un œuf et, à chaque extrémité, faites un trou de la même taille que le bout de ce crayon. Extrayez son contenu et vous aurez une parfaite représentation de la Terre d'Olaf Jansen. Selon lui, la distance entre la surface interne et la surface externe est d'environ trois cent milles. Le centre de gravité se situe non pas au centre de la Terre, mais au centre de la coquille ou croûte; par conséquent, si l'épaisseur de la croûte ou coquille de la Terre est de trois cent milles, le centre de la gravité se trouve à cent cinquante milles sous la surface.

Dans leur journal de bord, les explorateurs de l'Arctique parlent de l'inclinaison que prend l'aiguille de la boussole lorsque leur bateau navigue dans les plus lointaines régions connues du nord. En réalité, ils sont alors sur la courbe, sur le rebord de la coquille où la gravité augmente de façon géométrique et où le courant électrique, semblant se précipiter en direction de ce que l'on croit être le pôle nord, en réalité descend et poursuit sa course vers le sud le long de la surface interne de la croûte terrestre.

Dans l'annexe de son ouvrage, le capitaine Sabine donne un compte rendu des expérimentations visant à déterminer l'accélération du pendule sous différentes latitudes. Ceci semble être le résultat du travail conjoint de Peary et Sabine. Il y dit : « La découverte fortuite du fait que déplacer un pendule de Paris jusqu'au voisinage de l'équateur augmente sa période de vibration, fut le premier pas vers notre connaissance actuelle du fait que l'axe polaire du globe est plus court que celui de l'équateur; que la force de gravité à la surface de la Terre augmente progressivement de l'équateur vers les pôles. »

Selon Olaf Jansen, au commencement notre vieux monde fut créé uniquement pour le monde « interne », où se trouvent les quatre grands fleuves – l'Euphrate, le Pichon, le Guihon et l'Hiddekel (le Tigre). Les noms de ces fleuves, lorsqu'ils furent donnés aux fleuves de la surface « externe », ne le furent que pour perpétuer une tradition datant d'une antiquité au-delà de la mémoire des hommes.

Au sommet d'une haute montagne, près de la source de ces quatre fleuves, le Scandinave Olaf Jansen affirme avoir découvert le « Jardin d'Éden », perdu depuis la nuit des temps, le véritable nombril de la Terre et avoir passé plus de deux ans à étudier et à reconnaître, dans cette merveilleuse terre « intérieure », une luxuriante et extraordinaire vie végétale, ainsi qu'une abondance d'animaux géants; une terre où les gens vivent pendant plusieurs siècles, comme le firent Mathusalem et d'autres personnages bibliques; une région où le quart de la surface est composé d'eau et les trois quarts de terre; où il y a de vastes océans et plusieurs lacs et rivières; où les villes sont exceptionnelles, tant par leur construction que par leur magnificence; où les moyens de transport sont aussi en avance par rapport aux nôtres que nous, avec nos réalisations dont nous sommes si fiers, sommes en avance sur les habitants des plus lointaines régions d'Afrique.

Le diamètre intérieur est d'environ six cents milles de moins que le diamètre officiellement reconnu de la Terre.

Au centre exact de ce grand vide se trouve le siège d'électricité – une colossale boule de feu rougeâtre – modestement brillante, mais entourée d'un doux et lumineux nuage blanc, répandant une chaleur uniforme et maintenu en place, au centre de cet espace interne, par la loi immuable de la gravitation. Ce nuage électrique est connu des habitants du monde « interne » comme la demeure du « Dieu de Brume ». Ils croient qu'il s'agit-là du trône du « Très Haut ».

Olaf Jansen me rappela combien, pendant nos lointaines années de collège, nous étions tous familiers avec les démonstrations en laboratoire de la force centrifuge et que celles-ci prouvaient clairement que si la Terre était pleine, la rapidité de sa révolution autour de son axe la ferait éclater en mille morceaux.

Le vieux Scandinave soutenait aussi qu'à partir des points les plus éloignés des terres des îles de Spitzberg et de l'Archipel François-Joseph, des volées d'oies peuvent être aperçues à chaque année, volant encore plus loin vers le nord, tout comme le rapportent les navigateurs et les explorateurs dans leurs journaux de bord. Aucun scientifique n'a encore été assez audacieux pour tenter d'expliquer, ne serait-ce que pour sa propre satisfaction, vers quelles terres ces volatiles sont guidés par leur instinct subtil. Cependant, Olaf Jansen nous en fournit une explication des plus raisonnables.

La présence de la haute mer dans les terres du nord est aussi expliquée. Olaf Jansen affirme que l'ouverture du nord, adduction ou trou pour ainsi dire, a un diamètre d'environ mille quatre cent milles. En rapport avec ceci, citons ce que l'explorateur Nansen écrit, à la page 288 de son livre : « Je n'ai jamais fait un aussi splendide voyage en mer. Vers le nord, plein nord, avec un bon vent, aussi vite que le courant et la voile le permettaient, une haute mer, mille après mille, quart après quart, traversant ces régions inconnues, de plus en plus libre de glace ; on pourrait se demander :"Combien de temps cela durera-t-il ?" L'œil se tourne constamment vers le nord, quand on arpente le pont. Il regarde dans le futur. Mais il y a toujours le même ciel sombre droit devant, indiquant la haute mer.» De plus, le *Norwood Review of England*, dans l'édition du 10 mai 1884, dit :« Nous n'admettons pas qu'il y ait de la glace jusqu'au pôle – une fois à l'intérieur de la grande barrière de glace, un nouveau monde s'offre à l'explorateur, le climat y est aussi doux que celui de l'Angleterre et, par la suite, aussi parfumé que les îles grecques.»

Certains des fleuves « intérieurs », affirme Olaf Jansen, sont plus grands que notre Mississippi et les rivières de l'Amazonie réunis, en terme de volume d'eau transportée; en fait, leur taille est déterminée par leur largeur et leur profondeur plutôt que leur longueur et c'est aux embouchures de ces puissants fleuves qui coulent vers le nord et le sud le long de la surface « interne » de la Terre, que l'on retrouve les icebergs géants, certains faisant de quinze à vingt milles de largeur et de quarante à cent milles de longueur.

N'est-il pas étrange qu'aucun des icebergs que l'on retrouve dans les océans Arctique et Antarctique ne soit pas composé d'eau douce ? Les scientifiques modernes affirment que la congélation élimine le sel, mais ce qu'affirme Olaf Jansen est très différent.

Les anciens écrits hindous, japonais et chinois, ainsi que les hiéroglyphes des peuples disparus du continent nord-américain, parlent tous de la coutume de l'adoration du soleil et il est possible, à la lumière des surprenantes révélations d'Olaf Jansen, que le peuple du monde « intérieur », berné par des rayons du soleil brillant sur la surface « interne » de la Terre, que ce soit par l'ouverture nord ou sud, devint insatisfait du « Dieu de Brume », le grand pilier ou nuage mère d'électricité et, las de son atmosphère constamment douce et plaisante, suivit la lumière brillante et finit par se retrouver au-delà de la ceinture de glace et par se disperser sur la surface « externe » de la Terre, à travers l'Asie, l'Europe, l'Amérique du nord et, plus tard, l'Afrique, l'Australie et l'Amérique du sud. [1]

C'est un fait notable que plus on approche de l'équateur, plus les humains sont de petite taille. Cependant, les Patagoniens de l'Amérique du sud sont probablement les seuls aborigènes du centre de la Terre dont les ancêtres soient venus par l'ouverture habituellement désignée comme le pôle sud; ils sont appelés la race des géants.

Olaf Jansen affirme qu'au commencement, le monde fut créé par « le Grand Architecte de l'Univers » pour que l'homme puisse se répandre sur sa surface « interne », qui a toujours été depuis ce temps la demeure de l'« Élu ».

Ceux qui furent chassés du « Jardin d'Éden » emportèrent avec eux leurs traditions historiques.

L'histoire du peuple habitant à « l'intérieur » contient une narration rappelant l'histoire de Noé et de l'arche, qui nous est familière. Il partit en bateau, comme le fit Christophe Colomb, à partir d'un certain port, vers une terre étrange dont il avait entendu parler, loin vers le nord, emportant avec lui toutes les espèces d'animaux et d'oiseaux, mais plus jamais par la suite, on n'entendit parler de lui.

À la frontière nord de l'Alaska et plus souvent encore sur la côte sibérienne, on retrouve des cimetières contenant des défenses d'éléphant en ivoire en quantité suffisamment grande pour évoquer les sites d'enterrement de l'antiquité. Selon Olaf Jansen, elles proviennent de la merveilleuse et prolifique vie animale qui abonde dans les champs et forêts et sur les rives de nombreuses rivières du monde « intérieur ». Les objets furent soit entraînés par les courants

---

[1] La citation suivante est significative : « Il s'ensuit que l'Homme, issu d'une région-mère encore indéterminée mais qu'un certain nombre de considérations indiquent comme ayant été au nord, s'est répandu dans plusieurs directions; que ses migrations furent constamment du nord vers le sud. » - Marquis G. de Saporta, dans *Popular Science Montly*, octobre 1883, p. 753.

océaniques, soit transportés sur des glaces flottantes et se sont accumulés comme des morceaux de bois de drave sur les rives de la côte sibérienne. Ce phénomène s'est répété pendant des siècles, créant ces mystérieux cimetières.

À ce propos, William F. Warren, dans son ouvrage précédemment cité, aux pages 297 et 298, affirme : « Les rochers de l'Arctique parlent d'un Atlantis perdu plus merveilleux que celui de Platon. Les lits d'ivoire fossilisé de la Sibérie surpassent tout ce qu'il y a de semblable dans le monde. Depuis au moins l'époque de Pline, ils ont été constamment exploités et demeurent encore la principale région d'approvisionnement. Les restes de mammouths sont si abondants que, comme l'affirme Gratacap, "Les îles du nord de la Sibérie semblent être formées d'un amoncellement d'os". Un autre écrivain scientifique, parlant des îles de la Nouvelle Sibérie, au nord de l'embouchure de la rivière Lena, déclare : "De grandes quantités d'ivoire sont déterrées chaque année. En fait, on croit même que certaines îles ne sont formées que d'une accumulation de bois flottant et de corps de mammouths et autres animaux antédiluviens congelés ensemble." De tout ceci, nous pouvons déduire que, durant les années qui se sont écoulées depuis la conquête de la Sibérie par la Russie, les défenses utilisables de plus de vingt mille mammouths ont été recueillies. »

Mais maintenant, en ce qui concerne l'histoire d'Olaf Jansen, je la livre en détail, telle que relatée par lui-même sous forme de manuscrit et, insérées dans le récit là où il les a lui-même placées, quelques citations tirées de récents ouvrages sur l'exploration de l'Arctique, montrant avec quel soin le vieux Scandinave compara ses propres expériences avec celles d'autres voyageurs des glaces du nord. Ainsi écrivit le disciple d'Odin et Thor.

PARTIE II
L'HISTOIRE
D'OLAF JANSEN

Je m'appelle Olaf Jansen. Je suis Norvégien, bien que je sois né dans la petite ville maritime russe d'Oulu (*Uleaborg*, en russe), sur la côte est du golfe de Botnie, le bras le plus nordique de la mer baltique.

Mes parents faisaient un voyage de pêche dans le golfe de Botnie et mouillèrent à cette ville russe d'Oulu à l'époque de ma naissance, qui eût lieu le 27 octobre 1811.

Mon père, Jens Jansen, est né à Rodwig, sur la côte scandinave, près des Îles Lofoten mais, après son mariage, il s'établit à Stockholm, car c'est là que résidait la famille de ma mère. À l'âge de sept ans, je commençai à accompagner mon père dans ses voyages de pêche le long de la côte scandinave.

Dès mon plus jeune âge, j'affichai un intérêt pour les livres et, à l'âge de neuf ans, on m'inscrivit dans une école privée de Stockholm où je restai jusqu'à l'âge de quatorze ans. Par la suite, j'accompagnai régulièrement mon père dans tous ses voyages de pêche.

Mon père mesurait son six pieds trois pouces et pesait plus de deux cent livres, un Norvégien typique de la plus farouche espèce et plus endurant que tous les autres hommes que j'ai connus. Il avait la douceur d'une femme dans les moments tendres, mais une détermination et une volonté hors du commun. Sa volonté ne reconnaissait aucun échec.

J'avais dix-neuf ans lorsque nous partîmes pour ce qui s'avéra être notre dernier voyage en tant que pêcheurs et qui conduisit à l'étrange histoire qui sera révélée au monde – mais pas avant que je n'aie terminé mon pélerinage sur cette terre.

Je n'ose pas laisser les faits tels que je les connais être publiés de mon vivant, par crainte de subir plus d'humiliation, d'internement et de souffrance. En premier lieu, je fus mis aux fers par le capitaine de la baleinière qui me secourut, simplement pour avoir dit la vérité sur les merveilleuses découvertes que mon père et moi avions faites. Mais c'était loin d'être la fin de mes supplices.

Après une absence de quatre ans et huit mois, j'arrivai à Stockholm pour y découvrir que ma mère était décédée l'année précédente et que les biens laissés par mes parents étaient en possession des membres de la famille de ma mère; mais ils me furent transférés sans délai.

Tout aurait pu bien aller si j'avais pu effacer de ma mémoire l'histoire de notre aventure et de la mort atroce de mon père.

Finalement, un jour, je racontai l'histoire en détail à mon oncle, Gustaf Osterlind, un homme très fortuné et j'insistai pour qu'il organise une expédition afin de me permettre de faire un autre voyage vers cette étrange terre.

Je crus tout d'abord qu'il appuyait mon projet. Il semblait intéressé et m'invita à me présenter devant certains officiels et à leur raconter, comme je l'avais fait pour lui, l'histoire de nos voyages et de nos découvertes. Imaginez ma déception et mon horreur quand, à la fin de mon récit, mon oncle signa quelques documents et que, sans avertissement, je fus arrêté et emmené dans un institut psychiatrique, où je restai pendant vingt-huit années – de longues, fastidieuses, effroyables années de souffrances.

Je ne cessai jamais de proclamer ma santé mentale et de protester contre l'injustice de mon internement. Finalement, le 7 octobre 1862, je fus libéré. Mon oncle était mort et les amis de ma jeunesse n'étaient plus que des étrangers. En fait, un homme de plus de cinquante ans dont la seule référence connue est un dossier de malade mental, n'a plus d'amis.

Je ne savais pas quoi faire pour gagner ma vie mais, instinctivement, je me tournai vers le port où étaient ancrés de nombreux bateaux de pêche et, en moins d'une semaine, je naviguais avec un pêcheur du nom de Yan Hansen qui partait pour un long voyage de pêche aux Îles Lofoten.

En cette occasion, mes années d'entrainement passées furent mon plus grand avantage, spécialement parce qu'elles m'avaient appris comment me rendre utile. Ce ne fut que le premier d'une série de voyages et, en économisant de façon très serrée sur tout ce qui ne m'était pas indispensable, je pus, au bout de quelques années, posséder mon propre brick de pêche.

Pendant les vingt-sept années qui suivirent, je parcourus la mer en tant que pêcheur, cinq années à travailler pour d'autres et les vingt-deux dernières pour moi-même.

Pendant toutes ces années, je fus un étudiant très zélé des livres, en plus de travailler dur dans mon entreprise, mais je pris grand soin de ne jamais mentionner à quiconque l'histoire concernant les découvertes que nous fîmes mon père et moi. Même à cet âge avancé, je redouterais que quelqu'un voit ou sache ce que j'écris, ainsi que les dossiers et cartes que j'ai en ma possession. Quand mes jours sur terre seront terminés, je léguerai dossiers et cartes qui éclaireront et, je l'espère, profiteront à l'humanité.

Le souvenir de mon long internement avec des fous et toute l'horrible angoisse et les souffrances sont trop vives pour justifier que je me risque à prendre de nouvelles chances.

En 1889, je vendis mes bateaux de pêche et découvris que j'avais accumulé une fortune suffisante pour assurer ma subsistance pour le reste de mes jours. Je vins alors en Amérique.

Pendant une douzaine d'années, je vécus en Illinois, près de Batavia, où je trouvai la plupart des livres composant ma bibliothèque actuelle, quoique j'aie rapporté de Stockholm plusieurs ouvrages de choix. Par la suite, je déménageai à Los Angeles, arrivant ici le 4 mars 1901. Je me souviens très bien de cette date, car c'était la deuxième journée de l'entrée en fonction du président McKinley. J'achetai cette modeste demeure et décidai, dans l'intimité de ma résidence, caché par mes propres plantes grimpantes et mon figuier et entouré de mes livres, de faire cartes et dessins des nouvelles terres que nous avions découvertes, ainsi que d'en écrire le récit détaillé à partir du moment où mon père et moi partîmes de Stockholm jusqu'au tragique évènement qui nous sépara dans l'océan Antarctique.

Je me souviens très bien que nous partîmes de Stockholm dans notre sloop de pêche le 3 avril 1829 et que nous naviguions vers le sud, laissant l'Île Gotland à gauche et l'Île Öland à droite. Quelques jours plus tard, nous dépassâmes la Pointe Sandhommar et empruntâmes le détroit séparant le Danemark de la côte scandinave. Nous mouillâmes dans les délais prévus à Kristiansund où nous nous reposâmes pendant deux jours avant de repartir le long de la côte scandinave vers l'ouest, nous dirigeant vers les Îles Lofoten.

Mon père était enchanté de l'excellent et satisfaisant profit qu'il avait fait en vendant notre dernière prise à Stockholm, plutôt que dans une des villes maritimes le long de la côte scandinave. Il était tout spécialement content de la vente de quelques défenses d'éléphant en ivoire qu'il avait trouvées sur la côte ouest de l'Archipel François-Joseph au cours d'un de ses voyages nordiques, l'année précédente et il exprima l'espoir que cette fois encore, nous puissions être sufisamment chanceux pour charger notre petit sloop de pêche avec de l'ivoire plutôt qu'avec de la morue, du hareng, du maquereau et du saumon.

Nous mouillâmes à Hammerfest, latitude 71 degrés et 40 minutes, pour nous reposer pendant quelques jours. Nous y restâmes une semaine, fîmes une réserve supplémentaire de provisions et de plusieurs tonneaux d'eau potable, puis partîmes en direction de Spitzberg.

Pendant les premiers jours, la mer était dégagée et le vent favorable, mais par la suite, nous rencontrâmes beaucoup de glace et de nombreux icebergs. Une embarcation plus grande que notre petit sloop de pêche eut été incapable de se frayer un chemin dans ce labyrinthe d'icebergs, ni de se glisser dans les canaux à peine ouverts. Ces géants de glace formaient une succession sans fin de palais de cristal, de cathédrales massives et de fantastiques chaînes montagneuses, se dressant, sinistres, semblables à des sentinelles, inébranlables, telles d'imposantes falaises de roc solide, silencieux comme le sphinx, résistant aux assauts incessants des vagues d'une mer agitée.

Après nous en être, à plusieurs reprises, tirés de justesse, nous arrivâmes à Spitzberg le 23 juin et jetâmes l'ancre dans la baie de Wijade pendant quelque temps. Nous y fîmes plutôt bonne pêche. Nous levâmes ensuite l'ancre et navigâmes par le détroit d'Hinlopen, puis nous continuâmes sans problèmes, longeant la terre du nord-est. [2]

Un fort vent se leva du sud-ouest et mon père déclara qu'il valait mieux en profiter et tenter d'atteindre l'Archipel François-Joseph où, l'année précédente, il avait, par

---

[2] On se souviendra qu'Andree amorça son fatal voyage en mongolfière sur la côte nord-ouest de Spitzberg.

inadvertance, trouvé les défenses d'éléphant en ivoire qu'il avait vendues à prix fort à Stockholm.

Jamais auparavant ni depuis, je ne vis autant d'oiseaux marins. Ils étaient si nombreux qu'ils en masquaient les rochers du littoral et obscurcissaient le ciel.

Pendant plusieurs jours, nous naviguâmes le long de la côte rocheuse de l'Archipel François-Joseph. Finalement, un vent favorable se leva, nous permettant de rejoindre la côte ouest et, après avoir navigué pendant vingt-quatre heures, nous atteignîmes une anse magnifique.

Difficile de croire qu'on était dans les territoires du nord. L'endroit était verdoyant, avec de la végétation et même si sa superficie ne dépassait pas un acre ou deux, l'air y était doux et paisible. On aurait dit l'endroit où l'influence du Gulf Stream se fait le plus sentir.[3]

Sur la côte est, il y avait de nombreux icebergs alors qu'ici, nous étions en eau libre. Cependant, loin à l'ouest, il y avait des banquises et encore plus loin à l'ouest, la glace formait comme des chaînes de basses collines. Devant nous, en direction du nord, s'étendait la pleine mer.[4]

Mon père croyait avec ferveur en Odin et Thor et il me dit souvent que ces dieux venaient de bien au-delà du Vent du Nord.

---

[3] Sir John Barrow, Bart., F.R.S., dans son ouvrage *Voyages of Discovery and Research Within the Arctic Regions* écrit, à la page 57 : « M. Beechey réfère à ce qui a été fréquemment observé – la douceur de la température sur la côte ouest de Spitzberg, où la sensation de froid est peu ou non existante, même si la température n'est que de quelques degrés au-dessus du point de congélation. Le brillant et vivifiant effet d'une journée limpide, alors que le soleil brille dans un ciel dégagé dont l'azur est si intense qu'il est inégalé, pas même par celui de l'orgueilleux ciel italien. »

[4] Le capitaine Kane écrit, à la page 299, citant le *Morton's Journal* du 26 décembre : « Autant que je pouvais en juger, les passages libres faisaient environ quinze milles de large, peut-être plus, avec parfois de la glace broyée les séparant. Mais ce n'est que de la glace minuscule et je crois que soit elle se dirige vers la mer libre au nord, soit elle croupit et coule, car je n'en apercevais pas d'autre, plus loin au nord. »

« Une embarcation plus grande que notre petit sloop de pêche eut été incapable de se frayer un chemin dans ce labyrinthe d'icebergs. »

« Selon une tradition, » m'expliqua mon père, « encore plus loin vers le nord il existe une terre plus merveilleuse que ce qu'aucun mortel ait jamais vu, une terre habitée par l'Élu. »[5]

Ma jeune imagination était enflammée par l'ardeur, le zèle et la ferveur religieuse de mon père et je m'exclamai : « Pourquoi ne pas naviguer jusqu'à cette terre merveilleuse ? Le ciel est clair, le vent est favorable et on est en haute mer. »

Aujourd'hui encore, je revois l'expression d'agréable surprise sur le visage de mon père comme il se tournait vers moi et demanda : « Mon fils, es-tu prêt à me suivre et aller explorer, aller beaucoup plus loin qu'aucun homme n'ait jamais osé s'aventurer ? » Je lui répondis par l'affirmative. « Très bien », reprit-il. « Que le dieu Odin nous protège ! » Puis, rajustant rapidement les voiles, il jeta un coup d'œil au compas, mit le cap vers le nord le long d'un chenail ouvert et notre voyage commença.[6]

Le soleil était bas à l'horizon car nous n'étions encore qu'au début de l'été. Nous avions presque quatre mois devant nous avant que les nuits glaciales ne se refassent sentir.

Notre petit sloop de pêche bondissait vers l'avant comme s'il était aussi impatient que nous de partir à l'aventure. En moins de trente-six heures, nous fûmes hors de vue du point le plus élevé des côtes de l'Archipel François-Joseph. Nous semblions portés par un fort courant coulant en direction nord-nord-est. Au loin vers la gauche et vers la droite, il y avait des icebergs, mais notre petit sloop fonçait à travers

---

[5]   Dans *Deutsche Mythologie*, à la page 778, Jakob Grimm écrit : « Alors les fils de Bor construisirent, au milieu de l'univers, la cité appelée Asgard, où habitent les dieux et leurs familles et de cette demeure se résolvent tant de choses merveilleuses, tant sur Terre que dans les cieux au-dessus d'elle. Il y a dans cette cité un endroit appelé Hlidskjalf et lorsqu'Odin y est assis sur son trône élevé, il embrasse le monde entier et discerne toutes les actions des hommes. »

[6]   Hall écrit, à la page 288 : « Le 23 janvier, les deux Esquimaux, accompagnés par deux des marins, se rendirent à Cap Lupton. Ils affirmèrent avoir vu une haute mer s'étendant aussi loin que le regard pouvait porter. »

les passages étroits, dépassait les chenaux puis surgissait en haute mer – des passages si étroits que si notre embarcation n'eut pas été petite, nous n'aurions jamais pu passer.

La troisième journée, nous arrivâmes sur une île. Ses rives étaient baignées par la haute mer. Mon père décida de débarquer et d'aller explorer pendant une journée. Cette nouvelle terre était dénuée de bois, mais nous y trouvâmes une grande accumulation de bois flotté sur la rive nord. Certains troncs d'arbre mesuraient quarante pieds de long et deux pieds de diamètre. [7]

Après avoir passé la journée à explorer la côte de l'île, nous levâmes l'ancre et mîmes le cap au nord sur la haute mer. [8]

Je me souviens que ni mon père ni moi n'avions mangé depuis presque trente heures. Mon père dit que c'était peut-être dû à la tension causée par l'excitation provoquée par notre étrange voyage dans les eaux du nord, plus loin que quiconque ne s'était jamais aventuré. Notre activité mentale fébrile avait engourdi nos besoins physiques.

Le froid n'était pas aussi intense que nous l'aurions cru. La température était plus chaude et plus agréable que lors de

---

[7]   Greely rapporte, à la page 100 du vol. 1, que : « Les soldats Connell et Frédérick trouvèrent un gros conifère sur la plage, juste en deçà de la limite des hauts fonds. Il faisait près de trente pouces de circonférence, quelque trente pieds de long et avait apparamment été transporté là par un courant, depuis un laps de temps de moins de deux ans. Une partie fut coupée pour faire du bois de chauffage et, pour la première fois dans la vallée, un brillant et joyeux feu de camp apporta réconfort à l'homme. »

[8]   Le Dr Kane écrit, à la page 379 de ses travaux : « Je ne peux imaginer ce qu'il advient de la glace. Un fort courant l'entraine constamment vers le nord mais, même à des altitudes de plus de 500 pieds, je n'ai pu apercevoir que d'étroites bandes de glace avec, entre elles, de grandes étendues d'eau libre de dix à quinze milles de largeur. Elle doit donc soit aller vers un espace libre plus au nord, soit fondre. »

notre séjour à Hammerfest, sur la côte nord de la Norvège, environ six semaines plus tôt. [9]

Nous reconnûmes tous deux que nous étions franchement très affamés et je préparai sur-le-champ un repas consistant avec ce qu'il y avait dans notre garde-manger bien garni. Après nous être repus, je dis à mon père que je ferais mieux de dormir, car je commençais à être quelque peu somnolent. « Très bien, » répondit-il, « je monterai la garde. »

Je ne sais pas combien de temps je dormis. Tout ce que je sais, c'est que je fus brusquement réveillé par un bruit terrible du sloop. À ma grande surprise, je vis que mon père dormait profondément. Je lui criai alors avec force et, se réveillant, il bondit rapidement sur ses pieds. En fait, s'il n'avait pas immédiatement agrippé la rambarde, il aurait certainement été projeté dans les vagues en furie.

Une violente tempête de neige faisait rage. Le vent était complètement arrière, poussant notre sloop à une vitesse vertigineuse et menaçant à tout moment de nous faire chavirer. Il n'y avait pas de temps à perdre, il fallait ramener la voile immédiatement. Notre bateau se tordait en convulsions. Nous savions qu'il y avait quelques icebergs autour de nous mais, fort heureusement, le chenail était ouvert directement vers le nord. Mais le resterait-il ? Devant nous, ceinturant l'horizon, il y avait un brouillard vaporeux, ou une brume, d'un noir de jais aux abords de l'eau et blanc comme un nuage de vapeur vers le sommet qui était impossible à distinguer, car il se mélangeait aux gros flocons de la neige qui

---

[9] Lors de son deuxième voyage, le capitaine Peary relate un autre événement pouvant permettre de confirmer une conjecture longtemps soutenue par certains, selon laquelle il existe une haute mer, exempte de glaces au, ou aux environs du pôle nord. « Le 2 novembre, » dit Peary, « un grand vent du nord-ouest rafraîchit la température, faisant chuter le mercure à 5 degrés Fahrenheit (-15 degrés centigrades), alors qu'un vent se levant à l'Île Melville s'accompagne généralement d'une hausse simultanée du mercure aux températures basses. Cela ne peut-il pas », demande-t-il, « être occasionné par un vent soufflant au-dessus d'une haute mer, dans la direction d'où il vient ? Et tendre ainsi à confirmer qu'il existe bel et bien une haute mer au, ou aux environs du pôle nord ? »

tombait. Il était impossible de déterminer s'il masquait un dangereux iceberg ou autre obstacle caché contre lequel notre petit sloop se précipiterait, nous envoyant vers une tombe aquatique, ou s'il ne s'agissait que d'un phénomène de brouillard arctique. [10]

Je ne sais pas par quel miracle nous évitâmes d'être fracassés en morceaux et détruits.

Je me souviens que notre petite embarcation craquait et gémissait, comme si ses joints étaient sur le point de se rompre. Elle se balançait et chancelait de long en large comme si elle était saisie par le violent courant sous-marin d'un tourbillon ou d'un maelström.

Heureusement, notre compas avait été fixé à une traverse par de longues vis. Cependant, la plupart de nos provisions furent éparpillées et balayées du pont de la coquerie et, n'eussions-nous pas pris la précaution, dès le départ, de nous attacher solidement aux mâts du sloop, nous eûmes été projetés dans la mer cinglante.

Dominant l'assourdissant tumulte de la mer en furie, j'entendis la voix de mon père : « Sois courageux, mon fils, » cria-t-il, « Odin est le dieu des eaux, le compagnon du brave et il est avec nous. Ne crains pas. »

Je ne voyais aucune possibilité pour nous d'échapper à une mort horrible. Le petit sloop charriait de l'eau, la neige tombait si drue qu'elle nous aveuglait et les vagues déferlaient par-dessus le bastingage en une insouciante furie d'écume blanche. Impossible de déterminer à quel moment nous serions précipités contre une banquise à la dérive. L'énorme

---

[10] À la page 284 de ses travaux, Hall écrit : « Du sommet du Providence Berg, un sombre brouillard se voyait vers le nord, indiquant la présence d'eau. À dix heures du matin, trois des hommes (Kruger, Nindemann et Hobby) se rendirent au Cap Lupton pour tenter d'établir, si possible, la superficie de l'étendue d'eau. À leur retour, ils rapportèrent plusieurs étendues d'eau et de la très jeune glace – formée depuis une journée au maximum – si mince qu'elle se brisait facilement en lançant des morceaux de glace dessus. »

houle nous soulevait jusqu'au sommet des vagues colossales, puis nous faisait plonger jusqu'au plus creux de celles-ci, comme si notre sloop de pêche n'était qu'une frêle coquille. De gigantesques vagues coiffées de blanc, tels de véritables murs, nous entouraient à l'avant et à l'arrière.

Cette angoissante épreuve, avec l'indescriptible horreur de son suspense et sa mortelle frayeur, se poursuivi pendant plus de trois heures et, pendant tout ce temps, nous continuions d'être propulsé vers l'avant, avançant à une vitesse vertigineuse. Puis, subitement, comme s'il était las de ses efforts effrénés, le vent cessa graduellement sa fureur et fini par mourrir.

Enfin, tout était redevenu parfaitement calme. Le brouillard aussi avait disparu et nous nous retrouvâmes devant un chenail sans glace d'environ dix ou quinze milles de largeur, avec quelques icebergs loin sur notre droite et un archipel épars de plus petits sur notre gauche.

J'observai mon père attentivement, bien décidé à rester silencieux jusqu'à ce qu'il parle. Il dénoua la corde d'autour de sa taille et, sans dire un mot, mit en marche les pompes qui, fort heureusement, n'étaient pas endommagées, soulageant le sloop de l'eau qu'il avait charriée pendant que la tempête faisait rage.

Il hissa la voile du sloop aussi calmement que s'il lançait un filet de pêche, puis passa la remarque que nous étions parés pour un vent favorable, lorsque celui-ci se présenterait. Son courage et sa persévérance étaient vraiment remarquables.

Nous retrouvâmes moins du tiers de nos provisions et, à notre complet désarroi, nos tonneaux d'eau potable avaient été projetés par-dessus bord lors du violent tangage de notre bateau.

Nous retrouvâmes deux de nos tonneaux d'eau potable dans la cale principale. Ils étaient vides. Nous avions une

« Je ne sais pas par quel miracle
nous évitâmes d'être fracassés en morceaux et détruits. »

assez bonne quantité de provisions, mais pas d'eau douce. Je réalisai subitement l'horreur de notre situation. Je fus alors pris d'une soif inextinguible. « C'est effectivement sérieux », remarqua mon père. « Faisons toutefois sécher nos vêtements trempés, car nous sommes mouillés jusqu'aux os. Aie confiance au dieu Odin, mon fils. Ne perds pas espoir. »

Le soleil tapait dur et obliquement, comme si nous étions à une latitude du sud plutôt que dans le très grand nord. Il tournait dans le ciel, son orbite toujours visible et toujours plus haute à chaque jour, souvent recouvert de brume, quoique regardant sans cesse à travers la dentelle de nuages, tel l'œil irascible du destin gardant les mystérieuses terres du nord et surveillant jalousement les gamineries des hommes. Loin sur notre droite, les rayons frappant les prismes formés par les icebergs étaient superbes. Leurs reflets produisaient des éclats aux couleurs de grenat, de diamant, de saphir. Un incessant feu d'artifice de couleurs et de formes infinies, tandis qu'au-dessous, on apercevait le vert de la mer et, au-dessus, un ciel pourpre.

PARTIE III
AU-DELÀ DU VENT DU NORD

Pour tenter d'oublier ma soif, je descendis dans la cale et en remontai de la nourriture et un récipient vide. Me penchant par-dessus la rambarde, je remplis le récipient d'eau afin de me laver les mains et le visage. Quelle ne fut pas ma surprise, lorsque l'eau toucha mes lèvres, de constater qu'elle n'était pas salée. La découverte me fit tressaillir. « Père ! » haletai-je, la voix entrecoupée, « l'eau, l'eau, elle est douce ! » « Que dis-tu, Olaf ? » s'exclama mon père en jetant un coup d'œil rapide aux alentours. « Tu dois sûrement te tromper. Il n'y a aucune terre en vue. Tu es en train de devenir fou. » « Mais goûtes-y ! » lui criai-je.

C'est ainsi que nous découvrîmes que l'eau était en fait totalement douce, sans la moindre trace ni le moindre soupçon de sel.

Sur-le-champ, nous remplîmes d'eau les deux tonneaux qu'il nous restait et mon père déclara que c'était un don céleste de la miséricorde des dieux Odin et Thor.

Nous étions presque transportés de joie, mais la faim nous rappela qu'il était temps de mettre fin à notre jeûne forcé.

Après avoir trouvé de l'eau douce en pleine mer, nous pouvions nous attendre à tout sous cette étrange latitude où aucun bateau n'avait encore navigué et où le clapotis des rames n'avait jamais été entendu. [11]

Nous avions à peine apaisé notre faim qu'une brise commença à gonfler les voiles inertes et, jetant un coup d'œil au compas, nous nous aperçûmes que le nord y était fortement appuyé contre la vitre.

En réponse à ma surprise, mon père expliqua : « J'ai déjà entendu parler de ce phénomène; on l'appelle l'inclinaison de l'aiguille. »

Nous dévissâmes le compas et le tournâmes à angle droit par rapport à la surface de la mer avant que le cadran ne se libère de la vitre et ne se tourne de nouveau sans entrave vers un point d'attraction. Il tourna avec difficulté, semblant aussi chancelant qu'un homme ivre, mais indiqua finalement une direction.

Auparavant, nous pensions que le vent nous poussait nord-nord-ouest, mais, avec le compas libéré de sa contrainte, nous nous rendîmes compte que, si nous pouvions nous y

---

[11] Dans le volume 1, à la page 196, Nansen écrit : « C'est un phénomène étrange – cette eau morte. Nous eûmes à ce moment une opportunité au-delà de nos espérances de l'étudier. Elle apparaît là où une couche d'eau douce repose en surface, au-dessus de l'eau salée de la mer et cette eau douce est transportée en même temps que le bateau, glissant sur la mer, plus lourde, au-dessous d'elle, comme si elle reposait sur une base fixe. La différence entre les deux couches était, dans ce cas-ci, si grande, qu'alors que nous avions de l'eau potable en surface, celle que nous obtenions au niveau de la soute inférieure de la salle des machines était beaucoup trop salée pour que nous puissions même l'utiliser dans la bouilloire. »

fier, nous naviguions légèrement nord-nord-est. Notre course, cependant, était toujours en direction du nord. [12]

La mer était d'un calme serein, avec à peine quelques petites vagues et un vent vif et grisant. Les rayons obliques du soleil procuraient une chaleur paisible. Et ainsi le temps passa, jour après jour et nous nous aperçûmes que, selon le journal de bord, cela faisait onze jours que nous naviguions depuis la tempête en haute mer.

En nous rationnant de la façon la plus stricte, notre réserve de nourriture tenait bien le coup, mais elle commençait à diminuer. Nous avions épuisé un de nos tonneaux d'eau et mon père dit : « Remplissons-le de nouveau. » Mais, à notre consternation, nous découvrîmes que l'eau était maintenant aussi salée que dans la région des Îles Lofoten au large de la côte norvégienne. Nous dûmes donc prendre grand soin du tonneau restant.

J'avais un plus grand besoin de sommeil qu'à l'accoutumée. Était-ce un effet de l'excitante expérience de naviguer en eaux inconnues, ou bien de la décompression après l'énervement terrible causé par notre aventure au sein d'une tempête en mer, ou encore du manque de nourriture, je ne saurais dire.

---

[12]   Dans le volume II, aux pages 18 et 19, Nansen écrit à propos de l'inclinaison de l'aiguille. Parlant de Johnson, son aide, il écrit : « Un jour – c'était le 24 novembre – il rentra souper un peu après six heures. Il était alarmé et dit : "Il vient de se produire une inclinaison singulière du compas de 24 degrés. De plus, assez curieusement, plutôt que de pointer au nord, il pointait vers l'est." »

On trouve aussi ce qui suit, dans le premier voyage de Peary, à la page 67 : « Il avait été observé qu'à partir du moment où ils étaient entrés dans le détroit de Lancaster, le mouvement du compas était devenu très très lent et que ce comportement rempirait en même temps que la déviation augmentait au fur et à mesure qu'ils se dirigeaient vers l'ouest ; et cela continua ainsi tout au long de la descente de ce bras de mer. Rendus à 73 degrés de latitude, ils furent, pour la première fois, témoins du curieux phénomène de la force attirant le compas devenant si faible, qu'elle est complètement surpassée par l'attraction du bateau, si bien que l'on peut dire que le compas pointe maintenant vers le nord du navire. »

Je m'étendais fréquemment sur le toit de la soute de notre petit sloop et regardais loin dans le dôme bleu du ciel et, malgré le fait que le soleil brillait très loin à l'est, j'apercevais toujours une étoile unique dans le firmament. Pendant plusieurs jours, lorsque je cherchais cette étoile, elle était toujours là, directement au-dessus de nous.

Selon notre estimation, nous étions aux environs du premier août. Le soleil était haut dans le ciel et brillait si fort que je n'étais plus capable de voir cette étoile unique qui avait attiré mon attention quelques jours auparavant.

C'est aux alentours de ces jours-là que mon père, me faisant sursauter, attira mon attention sur une vision originale loin devant nous, presque sur l'horizon. « C'est un faux soleil », s'exclama mon père. « J'ai lu à leur sujet; on appelle ça une réflexion ou un mirage. Il disparaîtra bientôt. »

Mais ce soleil, d'un rouge terne, que nous supposions faux, ne disparut pas avant plusieurs heures et, quoiqu'inconscients du fait qu'il puisse émettre une quelconque luminosité, en aucun moment par la suite nous ne pûmes scruter l'horizon devant nous sans y voir ce prétendu faux soleil et ce à tous les jours, pendant une période d'au moins douze heures.

Les nuages et les brouillards le cachaient presque par moment, mais jamais complètement. À mesure que nous avancions, il semblait graduellement monter plus haut à l'horizon de ce ciel violacé. Sauf par sa forme circulaire, il ne ressemblait en rien au soleil et, lorsqu'il n'était pas caché par les nuages ou les brouillards de l'océan, il était d'une apparence rouge terne ou bronzée qui tournait au blanc, tel un nuage lumineux reflétant une plus grande lumière au-delà.

Nous tombâmes finalement d'accord, dans notre discussion à propos de ce soleil brumeux et couleur de feu de fournaise, pour dire que, quelle que soit la cause de ce phénomène,

« Sauf par sa forme circulaire,
il ne ressemblait en rien au soleil. »

ce n'était pas une réflexion de notre soleil, mais plutôt une planète quelconque, quelque chose de réel. [13]

Un jour, peu après cela, je fus pris d'une extrêmement somnolence et tombai dans un profond sommeil. Mais il me sembla avoir été aussitôt réveillé par mon père, me secouant vigoureusement l'épaule et disant : « Olaf, réveille-toi, nous sommes en vue de terre ! »

Je bondis sur mes pieds et, ô joie indescriptible ! là, devant nous, au loin, directement sur notre chemin, il y avait des terres saillant audacieusement au-dessus de la mer. Vers la droite, la côte s'étendait à perte de vue et, tout le long de la plage sablonneuse, des vagues se brisaient en mousse clapoteuse, s'éloignaient, puis s'élançaient de nouveau, psalmodiant sans cesse, en monotones tonalités de tonnerre, le chant des profondeurs. Les rives étaient couvertes d'arbres et de végétation. Je ne puis exprimer le sentiment d'exaltation qui m'envahit à cette découverte. Mon père resta immobile, les mains sur la barre, regardant droit devant lui, laissant couler de son cœur un torrent de prières de remerciement et rendant grâce aux dieux Odin et Thor.

Pendant ce temps, nous avions lancé un filet que nous avions trouvé dans la soute et nous prîmes quelques pois-

---

[13]   Nansen, à la page 394, dit : « Aujourd'hui, un autre fait notable se produisit, aux environs de midi. Nous vîmes le soleil, ou plus exactement une image du soleil, car ce n'était qu'un mirage. La vue de ce feu rayonnant, luisant juste au-dessus de la surface extérieure de la glace, produisit une impression bizarre. Selon les descriptions enthousiastes faites par plusieurs voyageurs de l'Arctique de la première apparition de ce dieu de la vie après la longue nuit hivernale, l'impression aurait dû en être une de jubilante excitation; mais il n'en fut pas ainsi dans mon cas. Nous ne nous attendions pas à le voir avant quelques jours encore, alors j'étais plutôt peiné, déçu de constater que nous devions avoir dérivé plus au sud que nous ne le pensions. C'est donc avec joie que je m'aperçus bientôt que ça ne pouvait pas être le véritable soleil. Au premier abord, le mirage apparut comme une éclatante bande de feu rouge et aplatie, à l'horizon. Par la suite apparurent deux bandes, une au-dessus de l'autre, séparées par une ligne sombre. À son plus haut sommet, je pouvais voir quatre, ou même cinq de ces lignes horizontales, directement au-dessus l'une de l'autre et d'égales longueurs, comme s'il était même seulement possible d'imaginer un soleil carré, rouge terne, traversé de lignes horizontales sombres. »

sons qui renflouèrent quelque peu notre stock baissant de provisions.

Le compas, que nous avions refixé en place par peur d'une autre tempête, pointait toujours correctement vers le nord et tournait librement sur son pivot, comme il l'avait fait à Stockholm. L'inclinaison de l'aiguille avait cessé. Qu'est-ce que cela pouvait bien vouloir dire ? De plus, nos nombreuses journées de navigation nous avaient certainement amenées bien au-delà du pôle nord. Et cependant, l'aiguille continuait de pointer vers le nord. Nous étions fortement perplexes car, assurément, nous nous dirigions maintenant vers le sud. [14]

Nous naviguâmes pendant trois jours le long du littoral et parvînmes à l'embouchure d'un fjord ou d'un immense fleuve. Cela ressemblait plus à une grande baie et nous tournâmes notre embarcation de pêche afin d'y pénétrer, notre direction étant alors fortement sud-sud-est. Avec l'assistance d'un vent puissant qui nous aida environ douze heures par jour, nous continuâmes d'avancer vers l'intérieur sur ce qui se révéla, par la suite, être un puissant fleuve que les habitants, comme nous l'apprîmes plus tard, appelaient Hiddekel.

Nous poursuivîmes notre voyage pendant dix jours et découvrîmes que, par bonheur, nous avions parcouru une distance suffisante à l'intérieur des terres pour que les marées n'y affectent plus l'eau qui était devenue douce.

---

[14] Dans le premier voyage de Peary, aux pages 69 et 70, on lit : « Rendus à l'Île de Sir Byam Martin, la plus proche de l'Île Melville, le point d'observation était à 75 degrés 09' 23" de latitude et 103 degrés 44' 37" de longitude ; l'inclinaison de l'aiguille de 88 degrés 25' 58" ouest sur la longitude 91 degrés 48', où les dernières observations du rivage avaient été faites, jusqu'à 165 degrés 50' 09" est, à leur présente position, de telle sorte que nous avions, en parcourant l'espace situé entre ces deux méridiens, dépassé le pôle magnétique directement vers le nord et étions sans aucun doute passé au-dessus d'un de ces points du globe où le compas varie de 180 degrés ; ou, en d'autres mots, où le pôle nord est pointé au sud sur le compas. »

Cette découverte arrivait à point, car notre seul tonneau d'eau restant était presqu'épuisé. Nous ne perdîmes pas de temps à remplir nos tonneaux et continuâmes à naviguer plus avant sur le fleuve quand le vent était favorable.

Le long des rives, s'étendant à perte de vue le long du littoral, on apercevait de majestueuses forêts de plusieurs milles de superficie. Les arbres étaient énormes. Nous débarquâmes après avoir jeté l'ancre près d'une plage sablonneuse et gagnâmes la rive à pied. Nous fûmes récompensés par la découverte de quantités de noix très agréables au goût et qui satisfaisaient notre faim, en plus d'être un changement fort apprécié, rompant la monotonie de notre réserve de provisions.

On était maintenant aux alentour du premier septembre, plus de cinq mois, selon nos calculs, s'étant écoulés depuis notre départ de Stockholm. Soudain, nous faillîmes devenir fou de frayeur en entendant au loin des gens qui chantaient. Peu après, nous découvrîmes un énorme bateau glissant silencieusement sur le fleuve et se dirigeant directement sur nous. Les gens à bord chantaient, formant un chœur puissant dont le refrain, se répercutant de rive en rive, donnait l'impression qu'il était formé de mille voix, emplissant l'univers entier d'une vibrante mélodie. L'accompagnement était fait à l'aide d'instruments à cordes pas très différents de nos harpes.

C'était le plus gros bateau que nous ayons jamais vu; et il était construit différemment. [15]

C'était une période où notre sloop était encalminé non loin de la rive. Les berges du fleuve, recouvertes d'arbres gigan-

---

[15] *Asiatic Mythology* - page 240, *Paradise Found* - d'après la traduction de Sayce, dans un livre intitulé *Records of the Past*, on nous parle d'une « résidence » que « les dieux créèrent pour » les premiers être humains – une résidence dans laquelle ils « deviennent grands » et « plus nombreux » et dont la localisation est décrite en mots correspondant exactement à ceux des littératures iranienne, indienne, chinoise, eddaïque et aztèque : « au centre de la Terre. » – Warren

tesques, s'élevaient magnifiquement de plusieurs centaines de pieds. Nous semblions être à l'orée de quelque primitive forêt qui s'étendait sans nul doute loin à l'intérieur des terres.

L'immense embarcation s'arrêta et presqu'aussitôt, une chaloupe fut descendue et six hommes de stature gigantesque ramèrent vers notre petit sloop de pêche. Ils nous parlèrent dans une langue étrange. Nous savions cependant, à leurs manières, qu'ils n'étaient pas hostiles. Ils discutèrent un long moment ensemble et l'un d'eux riait constamment, comme si, en nous trouvant, une découverte étrange venait d'être faite. L'un d'eux aperçu notre compas et ils semblèrent s'y intéresser plus qu'à toute autre chose sur notre sloop.

Finalement, par gestes, leur chef sembla nous demander si nous voulions bien quitter notre embarcation et monter à bord de leur bateau. « Qu'en dis-tu, mon fils ? » demanda mon père. « Ils ne peuvent guère faire pire que de nous tuer. »

« Ils semblent bien disposés, » répondis-je, « mais quels terribles géants ! Ils doivent être les six meilleurs du régiment d'élite du royaume. Il suffit de voir leur grande taille. »

« Il vaudrait mieux y aller de bonne grâce que d'y être emmenés de force, » dit mon père en souriant, « car ils sont certainement capables de nous capturer. » Sur quoi, il leur fit comprendre par signes que nous étions prêts à les accompagner.

En quelques minutes, nous étions à bord de leur bateau et une demi-heure plus tard, notre petit bateau de pêche avait été soulevé hors de l'eau à bras-le-corps par une sorte d'étrange système de poulie et crochet, puis placé à bord comme un objet de curiosité.

Plusieurs centaines de personnes se trouvaient à bord de ce qui, pour nous, était un bateau colossal, dont nous découvrîmes qu'il s'appelait le « Naz », ce qui signifie, comme nous l'apprîmes plus tard, « Plaisir », ou pour en donner une meilleure interprétation, bateau de la « Randonnée du Plaisir ».

Si mon père et moi étions observés avec curiosité par les occupants du bateau, cette étrange race de géants était pour nous une égale source d'étonnement.

Il n'y avait pas un seul homme à bord mesurant moins de douze pieds. Ils portaient tous une barbe complète, pas particulièrement longue mais plutôt, apparemment, taillée courte. Leurs visages étaient doux et beaux, extrêmement clairs, avec un teint rosé. Certains avaient la barbe et les cheveux noirs, d'autres les avaient bruns pâles et d'autres encore les avaient blonds. Le capitaine, comme nous appelions le dignitaire commandant le grand vaisseau, dépassait tous ses compagnons d'au moins une bonne tête. Les femmes, elles, mesuraient en moyenne de dix à onze pieds. Leurs physionomies étaient particulièrement régulières et raffinées, tandis que leur teint était d'un ton des plus délicats, accentué par un rayonnement de santé. [16]

Hommes et femmes semblaient posséder ce type particulier de comportement par lequel nous reconnaissons une bonne éducation et, mise à part leur très grande taille, rien dans leur aspect n'était intimidant. Comme je n'étais qu'un garçon de 19 ans, je devais définitivement être perçu comme un véritable Tom Pouce. Les six pieds trois de mon père ne le hissaient même pas au-dessus de la taille de ces gens.

Chacun semblait rivaliser avec les autres en déploiements de courtoisie et en démonstrations de gentillesse à notre égard, mais je me souviens que tous rirent de bon cœur

---

[16] Selon toutes les données pouvant être recueillis, ce lieu, à l'époque de l'entrée en scène de l'homme, se trouvait sur le continent perdu de « Miocène », qui alors entourait le pôle arctique. Que dans ce véritable, original Éden, quelques-unes des toutes premières générations humaines parvinrent à une stature et une longévité inégalées dans tous les pays connus de l'histoire postdiluvienne, n'est en aucun cas scientifiquement incroyable. » – Wm. F. Warren, *Paradise Found*, p. 284

« Ils nous parlèrent dans une langue étrange. »

quand ils durent improviser des chaises pour que mon père et moi puissions nous asseoir à table. Ils étaient richement vêtus d'un costume qui leur était particulier et ils étaient très séduisants. Les hommes étaient habillés de tuniques de soie et de satin joliement brodées, avec une ceinture à la taille. Ils portaient des pantalons courts et des bas de fine texture, tandis que leurs pieds étaient chaussés de sandales ornées de boucles en or. Nous découvrîmes très tôt que l'or était l'un des métaux les plus communs et qu'il était abondamment utilisé en décoration.

Aussi étrange que cela puisse paraître, ni mon père ni moi ne ressentions la moindre trace d'inquiétude pour notre sécurité. « Nous sommes arrivés chez les nôtres », me dit mon père. « C'est l'accomplissement de la tradition racontée par mon père et par le père de mon père et qui remonte encore plus loin, en arrière, de plusieurs générations de notre lignée. C'est, absurdement, la terre au-delà du Vent du Nord. »

Nous semblions faire une telle impression sur le groupe, que nous fûmes confiés à l'un des hommes, Jules Galdea et à sa femme, afin qu'ils nous enseignent leur langue; et nous, de notre côté, étions aussi enthousiastes d'apprendre qu'ils l'étaient de nous enseigner.

Le capitaine donna un ordre qui fit ingénieusement virer le navire de bord, lui faisant rebrousser chemin et remonter le fleuve. Les machines, quoique silencieuses, étaient très puissantes.

Les rives et les arbres de chaque côté défilaient rapidement. Le bateau avançait parfois à une vitesse supérieure à celle de tous les trains sur lesquels il m'a été donné de voyager, même ici, en Amérique. C'était extraordinaire.

Entre-temps, nous avions perdu le soleil de vue, mais nous découvrîmes un rayonnement « intérieur » émanant du so-leil rouge terne qui avait déjà attiré notre attention, donnant maintenant une lumière blanche, apparemment à partir d'un banc de nuages très loin devant nous. Selon mon estimation, il émettait une luminosité plus forte que deux pleines lunes par la plus claire des nuits.

À chaque douze heures, ce nuage de blanche luminosité disparaît, comme éclipsé et les douze heures suivantes sont l'équivalent de nos nuits. Nous apprîmes rapidement que ce peuple étrange adorait cet immense nuage de nuit. C'était le « Dieu de Brume » du « Monde Intérieur ».

Le bateau était équipé d'un mode d'éclairage qu'aujourd'hui je présume était de l'électricité, mais ni mon père ni moi ne possédions les connaissances nécessaires en mécanique pour comprendre d'où venait la puissance permettant d'opérer le navire ou d'alimenter les merveilleuses lumières douces qui remplissaient la même fonction que nos méthodes actuelles d'éclairage des rues de nos villes, de nos maisons et de nos places d'affaires.

Il faut se souvenirr que les évènements de ce récit se situent à l'automne 1829 et que nous, habitants de la surface « externe » de la Terre, ne connaissions alors rien, pour ainsi dire, à l'électricité.

L'air surchargé d'électricité était un vivifiant constant. De toute ma vie, je ne me suis jamais senti aussi bien que pendant les deux années où mon père et moi séjournâmes à l'intérieur de la Terre.

Mais reprenons le récit des événements.

Le bateau sur lequel nous naviguions fit un arrêt deux jours après que nous fûmes montés à bord. Mon père dit que, pour autant qu'il pouvait en juger, nous nous trouvions directement au-dessous de Stockholm ou de Londres. La ville où nous étions arrivés portait le nom de « Jehu », indiquant une ville portuaire. Les maisons étaient grandes, magnifiquement construites et d'apparence assez uniforme, quoique sans être identiques. Les gens semblaient se livrer principalement à l'agriculture; les côteaux étaient couverts de vignes, alors que les vallées étaient dédiées à la culture du grain.

Jamais je n'avais vu un tel étalage d'or. Il y en avait partout. Les chambranles des portes étaient incrustés et les tables plaquées avec des feuilles d'or. Les dômes des édifices publics étaient en or. Il était très généreusement utilisé pour la finition des grands temples de la musique.

La végétation poussait avec une prodigieuse exubérance et les fruits de toutes sortes avaient la plus délicate des saveurs. Les grappes de raisins de quatre à cinq pieds de long, chaque raisin étant aussi gros qu'une orange, et les pommes, plus grosses qu'une tête d'homme, illustrent parfaitement la merveilleuse croissance de toute chose à l'« intérieur » de la Terre.

Les séquoias géants de Californie ressembleraient à de simples broussailles comparés aux arbres géants de cette forêt qui s'étend sur des milles et des milles dans toutes les directions. Dans plusieurs directions le long des contreforts des montagnes, nous aperçûmes de vastes troupeaux de bovins au cours de notre dernière journée de voyage sur le fleuve.

Nous entendîmes beaucoup parler d'une ville appelée « Éden », mais fûmes retenus à Jehu durant toute une année. Pendant ce temps, nous apprîmess à parler assez bien la langue de ce peuple étrange. Nos professeurs, Jules Galdea et sa femme, firent preuve d'une remarquable patience.

Un jour, un émissaire du souverain d'Éden vint nous rencontrer et, durant deux journées complètes, mon père et moi fûmes soumis à une série de surprenantes questions. Ils désiraient savoir d'où nous venions, quel genre de personnes habitaient à l'« extérieur », quel Dieu nous adorions, nos croyances religieuses, le mode de vie sur notre terre étrange et un millier d'autres choses.

Le compas, que nous avions apporté avec nous, fut l'objet d'une attention spéciale. Mon père et moi discutâmes entre nous sur le fait que le compas pointait toujours au nord, bien que nous savions maintenant que nous avions navigué par-delà la courbe ou rebord de l'ouverture du globe et que nous étions descendu loin vers le sud le long de la surface « interne » de la croûte terrestre qui, selon les estimations faites par mon père et moi, mesure environ trois cent milles d'épaisseur, de la surface « interne » à la surface « externe ». Relativement parlant, elle n'est pas plus épaisse qu'une coquille d'œuf, de telle sorte qu'il y a environ autant d'espace sur les surfaces « interne » et « externe ».

Le grand nuage lumineux ou boule de feu rouge terne – rouge ardent le matin et le soir et blanche luminosité durant la journée, le « Dieu de Brume » – est apparemment suspendu au centre de l'immense vide à l'« intérieur » de la Terre et maintenu en place soit par la loi immuable de la gravité, soit par une force de répulsion atmosphérique, selon le cas. Je fais ici référence à la puissance connue qui attire ou repousse avec une force égale dans toutes les directions.

La base de ce nuage électrique ou luminaire central, le siège des dieux, est sombre et opaque, sauf d'innombrables petites ouvertures, apparemment situées au bas du grand soutien ou autel de la Déité, sur lequel le « Dieu de Brume » repose; et la lumière brillant par ces nombreuses ouvertures scintille la nuit dans toute sa splendeur, ressemblant à des étoiles aussi naturelles que les étoiles qui brillaient quand nous étions dans notre maison à Stockholm, sauf qu'elles paraissent plus grosses. Ainsi donc, le « Dieu de Brume », avec chaque révolution quotidienne de la Terre, semble se lever à l'est et se coucher à l'ouest, tout comme le fait notre soleil à la surface « externe ». En réalité, le peuple de l'« intérieur » croit que le « Dieu de Brume » est le trône de leur Jéhovah et qu'il est immobile. L'effet de jour et de nuit est donc obtenu par la rotation quotidienne de la Terre.

J'ai découvert depuis que la langue du peuple du « Monde Intérieur » ressemble beaucoup au Sanscrit.

Après avoir donné un compte rendu de nous-mêmes aux émissaires du siège central du gouvernement du continent « intérieur » et que mon père eut, à sa façon rudimentaire, dessiné, à leur demande, des cartes de la surface « externe » de la Terre, montrant les divisions des terres et des eaux et donnant le nom de chaque continent, des grandes îles et des océans, nous fûmes amenés par voie de terre à la ville d'Éden, par un moyen de transport différent de tous ce qui existe en Europe ou en Amérique. Ce véhicule était certainement un appareil électrique de quelque sorte. Il ne faisait aucun bruit et avançait en parfait équilibre le long d'un rail de fer unique. Le voyage s'effectua à une très grande vitesse. Nous montâmes des collines et descendîmes des vallons, traversâmes des vallées et longeâmes des montagnes abruptes sans qu'aucune tentative apparente n'eut été faite pour niveler le sol, comme nous le faisons pour les rails de chemins de fer. Quoiqu'énormes, les sièges étaient confortables et très hauts au-dessus du plancher de la voiture. Sur le toit de chaque voiture il y avait des roues hautement engrenées, couchées sur le côté et qui étaient si bien automatiquement ajustées, qu'à mesure que la vitesse de la voiture augmentait, la haute vitesse de rotation de ces roues augmentait géométriquement. Jules Galdea nous expliqua que ces roues tournantes, ressemblant à des ventilateurs, sur le toit des voitures, détruisaient la pression atmosphérique, ou ce qui est généralement compris par le terme « gravitation » et, avec cette force ainsi détruite ou rendue insignifiante, la voiture ne risque pas plus de tomber à droite ou à gauche sur le rail unique que si elle se trouvait à l'intérieur d'un vacuum, les roues, avec leur rotation rapide, détruisant efficacement la force dite de gravitation, ou la force de pression atmosphérique, ou toute puissante influence que ce soit qui fait que tout ce qui est sans soutien tombe sur la surface de la terre ou jusqu'au plus proche point de résistance.

« Nous fûmes amenés devant le Grand Prêtre Suprême. »

La surprise que mon père et moi éprouvâmes était indescriptible lorsque, plongés au coeur de la majestueuse magnificence d'un hall spacieux, nous fûmes amenés devant le Grand Prêtre Suprême, souverain de tout le pays. Il était richement paré et beaucoup plus grand que ceux qui l'entouraient, mesurant au bas mot quatorze ou quinze pieds. La finition de l'immense salle dans laquelle nous fûmes reçus semblait faite de plaques d'or solides, abondamment incrustées de joyaux d'un incroyable éclat.

La ville d'Éden est située dans ce qui semble être une vallée splendide, alors qu'en fait il s'agit du plus haut plateau montagneux du « continent intérieur », surpassant de plusieurs milliers de pieds toute partie du pays avoisinant. C'est l'endroit le plus magnifique qu'il me fut donné de voir au cours de tous mes voyages. Dans ce jardin surélevé, toutes sortes de fruits, de plantes grimpantes, d'arbrisseaux, d'arbres et de fleurs poussent avec une délirante profusion.

Dans ce jardin, quatre fleuves prennent source à une puissante fontaine artésienne. Ils se divisent et coulent dans quatre directions. Cet endroit est appelé par les habitants le « noyau de la Terre », ou le commencement, le « berceau de la race humaine ». Les noms des fleuves sont l'Euphrate, le Pichon, le Guihon et l'Hiddekel. [17]

L'imprévu nous attendait dans ce palais de beauté, puisque nous y retrouvâmes notre petit bateau de pêche. Il avait été apporté en parfait état devant le Grand Prêtre, tel qu'il avait été sorti de l'eau, le jour où il fut hissé à bord du navire par les gens qui nous avaient trouvés sur le fleuve, il y avait maintenant plus d'un an.

On nous accorda une audience de plus de deux heures avec ce grand dignitaire, qui semblait bienveillant et attentionné. Il se montra extrêmement intéressé, nous posant de nom-

---

[17] « Et le Seigneur Dieu planta un jardin en Éden… Il fit pousser du sol toutes sortes d'arbres beaux à voir et bons à manger… » – Livre de la Genèse, ch. 2, versets 8 et 9.

breuses questions portant invariablement sur des sujets sur lesquels les émissaires avaient oublié de se renseigner.

À la fin de l'entrevue, il nous demanda ce qui nous ferait le plus plaisir : demeurer dans son pays ou bien retourner dans le monde « extérieur », à condition toutefois qu'il soit possible de couronner de succès un voyage de retour, au travers des barrières formées par les ceintures de glace entourant les ouvertures nord et sud de la Terre.

Mon père répliqua : « Il nous ferait plaisir à mon fils et moi, de visiter votre pays, de rencontrer les gens de votre peuple, de visiter plus en détails vos écoles et universités, vos palais de la musique et des arts, vos champs immenses, vos merveilleuses forêts, puis, après avoir eu cet agréable privilège, nous aimerions essayer de retourner chez nous, sur la surface "externe" de la Terre. Ce fils est mon seul enfant et ma bonne épouse se lassera d'attendre notre retour. »

« Je crains que vous ne puissiez jamais retourner, » répondit le Grand Prêtre Suprême, « car le chemin est des plus dangereux. Toutefois, vous pourrez visiter les différents pays avec Jules Galdea comme escorte et il vous sera témoigné courtoisie et gentillesse. Quand vous serez prêts à tenter un voyage de retour, je vous assure que votre bateau, qui est ici en exposition, sera remis à l'eau, à l'embouchure du fleuve Hiddekel et nous vous souhaiterons que Jéhovah vous accorde la plus grande vitesse. »

Ainsi se termina notre seul entretien avec le Grand Prêtre ou souverain du continent.

PARTIE IV

DANS LE MONDE DU DESSOUS

Nous apprîmes que les hommes ne se marient pas avant d'être âgés entre soixante-quinze et cent ans, que l'âge auquel les femmes sont prêtes au mariage est légèrement inférieur et que les hommes comme les femmes vivent souvent de six à huit cent ans et, dans certains cas, encore beaucoup plus vieux. [18]

Au cours de l'année qui suivit, nous visitâmes plusieurs villes et villages dont les plus marquants furent les villes de Nigi, de Delfi et d'Hectea, et mon père fut prié au moins une demi-douzaine de fois de vérifier les cartes qu'ils avaient faites à partir des croquis grossiers qu'il avait originalement dessinés des divisions des terres et des eaux sur la surface « externe » de la Terre.

Je me souviens avoir entendu mon père faire la remarque que la race des géants du royaume du « Dieu de Brume »

---

[18] Josephus dit : « Dieu prolongea la vie des patriarches antédiluviens tant à cause de leurs vertus que pour leur donner la chance de perfectionner les sciences de la géométrie et de l'astronomie qu'ils avaient découvertes ; ce qu'ils n'auraient pu faire s'ils n'avaient pas vécus 600 ans, car ce n'est qu'au-delà d'un intervalle de 600 ans que la grande année est accomplie. » – Flammarion, *Astronomical Myths*, Paris, p.26

avait une idée de la géographie de la surface « externe » presque aussi bonne que celle d'un professeur de collège moyen, à Stockholm.

Au cours de nos voyages, nous visitâmes une forêt d'arbres gigantesques, près de la ville de Delfi. Si la bible avait dit qu'il y avait des arbres mesurant plus de trois cent pieds de hauteur et faisant plus de trente pieds de diamètre dans le Jardin d'Éden, les Ingersoll, Tom Paine et Voltaire auraient sans doute affirmé qu'il s'agissait là d'un mythe. Il s'agit pourtant là de la description des séquoias géants de Californie; mais ces géants californiens semblent ridiculement dérisoires comparés aux goliaths forestiers que l'on retrouve sur le continent « intérieur », où abondent des arbres majestueux de huit cent à mille pieds de haut et de cent à cent vingt pieds de diamètre, innombrables et formant des forêts qui s'étendent sur des centaines de milles à partir de la mer.

Les gens sont extrêmement musiciens et sont érudits à un remarquable degré en arts et en sciences, tout spécialement en géométrie et en astronomie. Leurs villes possèdent de vastes palais de la musique, où il n'est pas rare que résonnent, en puissants chœurs des plus sublimes harmonies, les voix vigoureuses de vingt-cinq mille membres de cette race de géants. Les enfants ne sont pas supposés fréquenter les institutions d'enseignement avant l'âge de 20 ans. Alors, leur vie académique commence et se continue pendant trente ans, dont dix sont uniformément consacrées par les deux sexes, à l'étude de la musique.

Leurs principales vocations sont l'architecture, l'agriculture, l'horticulture, l'élevage de grands troupeaux de bovins et la construction des moyens de transport propres à ce pays pour voyager sur la terre et sur l'eau. Par un quelconque mécanisme que je ne puis expliquer, ils restent en communion entre eux jusque dans les parties les plus éloignées de leur pays, par des courants atmosphériques.

Tous les bâtiments sont érigés avec une attention particulière apportée à la solidité, à la durabilité, à la beauté et à la symétrie, avec un style architectural beaucoup plus attrayant que tout ce que j'ai pu observer ailleurs.

Environ trois quarts de la surface « interne » du globe est constituée de terre ferme et un quart est constituée d'eau. Il y a de nombreux fleuves immenses, coulant certains vers le nord et d'autres vers le sud. Certains de ces fleuves font trente milles de largeur et c'est de ces vastes voies navigables, dans les régions d'extrême nord et d'extrême sud de la surface « interne » de la Terre, régions de basses températures, que se forment les icebergs d'eau douce. Ils sont alors poussés vers la mer comme de gigantesques langues de glace, par les anormales crues rapides d'eau turbulente qui, deux fois par année, balaient tout ce qui se trouve devant elles.

Nous vîmes d'innombrables spécimens d'oiseaux, pas plus gros que ceux que l'on retrouve dans les forêts d'Europe et d'Amérique. Il est bien connu que durant les dernières années, des espèces entières d'oiseaux ont totalement disparu. [19]

N'est-il pas possible que ces espèces disparaissantes d'oiseaux quittent leurs colonies « externes » et trouvent refuge dans le « monde intérieur » ?

Autant à l'intérieur des terres, parmi les montagnes, qu'au bord de l'eau, la faune aviaire était prolifique. Lorsqu'ils étendaient leurs ailes majestueuses, certains oiseaux semblaient faire trente pieds d'envergure. Ils sont d'une grande variété d'espèces et de couleurs multiples. On nous autorisa à grimper sur l'escarpement d'un rocher afin d'y observer

---

[19] Un auteur, dans un récent article sur ce sujet, écrit : « Presque chaque année, on assiste à l'extinction d'une ou plusieurs espèces d'oiseaux. Sur les quatorze variétés d'oiseaux que l'on retrouvait il y a un siècle sur une seule île de l'Inde occidentale, l'Île de Saint-Thomas, huit comptent maintenant parmi les disparues. »

un nid contenant des œufs. Il y en avait cinq, chacun faisant au moins deux pieds de long et quinze pouces de diamètre.

Après avoir séjourné environ une semaine dans la ville d'Hectea, le professeur Galdea nous emmena jusqu'à une anse où nous vîmes des milliers de tortues le long de la rive sablonneuse. J'hésite à évaluer la taille de ces grandes créatures. Elles faisaient environ vingt-cinq à trente pieds de longueur, quinze à vingt pieds de largeur et un bon sept pieds de hauteur. Quand l'une d'entre elles sortait sa tête, elle avait l'apparence de quelqu'hideux monstre marin.

Les étranges conditions à l'« intérieur » favorisent non seulement les vastes prairies d'herbe luxuriante, les forêts d'arbres géants et toute forme de vie végétale, mais aussi la merveilleuse vie animale.

Un jour, nous vîmes un grand troupeau d'éléphants. Il devait y avoir au moins cinq cent de ces monstres au cri de tonnerre, avec leurs trompes ondulant inlassablement. Ils arrachaient d'énormes branches sur les arbres et piétinaient les pousses plus petites dans la poussière, comme autant de coups de pinceaux aux coloris noisette. Les éléphants faisaient en moyenne plus de cent pieds de longueur et de soixante-quinze à quatre-vingt-cinq pieds de hauteur.

Il me sembla, alors que je contemplais ce merveilleux troupeau d'éléphants géants, que je me trouvais encore à la bibliothèque publique de Stockholm, où j'avais passé beaucoup de temps à étudier les merveilles de l'âge miocène. J'étais muet d'étonnement et mon père était sans voix de respect et d'admiration. Il me tenait le bras d'une poigne protectrice, comme si un mal effrayant risquait de s'abattre sur nous. Nous n'étions que deux atomes dans cette immense forêt et, fort heureusement, encore inaperçus de ce grand troupeau d'éléphants, alors qu'ils allaient et venaient, suivant un meneur comme le font les troupeaux de moutons. Ils broutaient les herbages se trouvant sur leur passage

« Il devait y avoir au moins 500 de ces monstres
au cri de tonnerre. »

alors qu'ils se déplaçaient, faisant de temps à autre vibrer les cieux de leurs profonds mugissements. [20]

Il y a une brume vaporeuse qui monte de la terre à chaque soir et il pleut invariablement une fois par jour. Cette grande humidité ainsi que cette lumière et cette chaleur électriques vivifiantes expliquent peut-être la luxuriance de la végétation, alors que l'air hautement chargé d'électricité et la constance des conditions climatiques peuvent être ce qui influence la forte croissance et la grande longévité de toute vie animale.

À certains endroits, les vallées s'étendaient, égales, sans dénivellations, sur plusieurs milles dans toutes les directions. « Le Dieu de Brume », en sa claire lumière blanche, regardait calmement d'en haut. Il y avait une ivresse causée par l'air électriquement surchargé, qui rosissait les joues aussi délicatement qu'un soupir qui s'évanouit. La nature chantait une berceuse dans le doux murmure du vent, dont le souffle était parfumé des fragrances des bourgeons et des fleurs.

Après avoir passé considérablement plus qu'une année à visiter plusieurs des nombreuses villes du monde « intérieur » ainsi qu'une grande partie du pays, plus de deux années s'étant écoulées depuis que nous eussions été recueillis par le grand bateau de croisière sur la rivière, nous décidâmes de tenter à nouveau notre chance sur mer et d'essayer de regagner la surface « externe » de la Terre.

Nous exprimâmes nos désirs qui furent promptement exaucés, quoiqu'à contrecœur. Nos hôtes donnèrent à mon père, à sa demande, diverses cartes détaillant dans son entièreté, la surface « interne » de la Terre, ses villes, océans, mers, fleuves, golfes et baies. Ils nous offrirent aussi généreusement

---

[20] « De plus, il y avait un grand nombre d'éléphants sur l'île et il y avait de la nourriture pour les animaux de toutes sortes. Aussi, toutes choses odoriférantes existant sur terre, que ce soient racines, herbages, bois ou gouttes d'eau concentrées se formant sur les fleurs ou les fruits, poussaient et florissaient sur cette terre. » – *Le Cratyluo* de Platon.

tous les sacs de pépites d'or – certaines étant aussi grosses que des œufs d'oie – que nous désirions tenter d'apporter avec nous.

En temps voulu, nous retournâmes à Jehu, où nous passâmes un mois à arranger et à reviser notre petit sloop de pêche. Lorsque tout fut paré, le même bateau – le Naz – qui nous avait découvert au tout début, nous prit à son bord puis mit le cap sur l'embouchure de l'Hiddekel.

Après que nos frères géants eurent remis notre petit bateau à la mer pour nous, ils exprimèrent l'immense regret qu'ils éprouvaient du fait que nous devions nous séparer et manifestèrent beaucoup de sollicitude au sujet de notre sécurité. Mon père jura par Odin et Thor qu'il reviendrait sûrement d'ici un an ou deux leur rendre une autre visite. Sur quoi nous fîmes nos adieux. Nous appareillâmes et hissâmes la voile, mais il n'y avait que très peu de vent. Nous fûmes encalminés moins d'une heure après que nos amis géants nous eurent quittés et eurent amorcé leur voyage de retour.

Les vents étaient constamment sud ou, autrement dit, soufflaient en provenance de l'ouverture nord de la Terre vers ce que nous savions être le sud mais qui, selon le compas, était droit au nord.

Pendant trois jours, nous tentâmes vainement de naviguer contre le vent. Puis mon père dit : « Mon fils, retourner par le même chemin où nous sommes arrivés est impossible à ce temps-ci de l'année. Je me demande pourquoi nous n'avons pas pensé à cela plus tôt. Nous sommes restés ici près de deux ans et demi ; c'est donc le temps de l'année où le soleil commence à briller à l'ouverture du sud de la Terre. La longue nuit glaciale recouvre maintenant Spitzberg. »

« Que devons-nous faire ? », demandai-je.

« Il n'y a qu'une seule chose que nous puissions faire », répondit mon père, « et c'est de passer par le sud. » Par conséquent, il fit faire demi-tour au bateau, mit toute la voile et partit en direction nord, selon le compas, mais en fait, droit vers le sud. Le vent était fort et nous semblions avoir frappé un courant très rapide, coulant dans la même direction.

En seulement quarante jours, nous arrivâmes à Delfi, ville que nous avions visitée en compagnie de nos guides, Jules Galdea et sa femme, près de l'embouchure du fleuve Guihon. Nous y restâmes deux jours et y fûmes reçus avec la plus grande hospitalité par les mêmes gens qui nous y avaient accueillis lors de notre précédente visite. Nous fîmes quelques provisions supplémentaires et réajustâmes la voile afin de suivre le compas pointant au nord.

Au cours de notre voyage vers l'extérieur, nous passâmes par un étroit canal qui semblait constituer une séparation entre deux considérables masses de terre. Il y avait une magnifique plage sur notre droite et nous décidâmes d'aller y faire une reconnaissance. Jetant l'ancre, nous gagnâmes la rive à pieds afin de nous reposer pendant une journée avant de reprendre notre dangeureuse entreprise. Nous fîmes un feu et y jetâmes quelques morceaux de bois sec, trouvés au bord de l'eau. Pendant que mon père se promenait le long de la rive, je préparai un repas appétissant avec nos provisions.

Il y avait une douce luminosité qui, disait mon père, était l'effet du soleil brillant par l'ouverture sud de la Terre. Cette nuit-là, nous dormîmes profondément et nous réveillâmes le lendemain matin aussi frais et dispos que si nous avions dormi dans nos lits à Stockholm.

Après le déjeuner, nous partîmes en tournée de découverte à l'intérieur des terres, mais n'étions pas allés bien loin lorsque nous aperçûmes des oiseaux que nous identifiâmes sur-le-champ comme appartenant à la famille des pingouins. Ce sont des oiseaux qui ne volent pas, mais qui sont d'excellents nageurs et d'une taille considérable, avec une poitrine blanche, des ailes courtes, une tête noire et un long bec pointu. Debouts, ils mesurent un bon neuf pieds. Ils nous regardèrent avec peu de surprise et se dandinèrent plus qu'ils ne marchèrent, en direction de l'eau, où ils se mirent à nager vers le nord. [21]

Ce qui se passa durant les cent jours ou plus qui suivirent, se passe de description. Nous étions en haute mer, sur une eau libre de glaces. Nous estimions être en novembre ou décembre et nous savions que le soi-disant pôle sud était tourné vers le soleil. Ainsi donc, en quittant la lumière électrique interne du « Dieu de Brume » et sa réconfortante chaleur, nous devions rencontrer la lumière et la chaleur du soleil, qui brillait dans l'ouverture sud de la Terre. Nous ne nous trompions pas. [22]

Il y avait des fois où notre petite embarcation, poussée par un vent continu et persistant, filait dans l'eau comme une flèche. En fait, eussions-nous rencontré un rocher ou un obstacle caché, notre petit bateau eut été réduit en bois d'allumage.

Nous sentions enfin que l'air ambiant devenait franchement plus froid et, quelques jours plus tard, des icebergs furent aperçus loin sur la gauche. Mon père fit remarquer avec justesse, que les vents qui gonflaient nos voiles provenaient du doux climat de l'« intérieur ». La période de l'année nous était certainement très propice, pour prendre notre élan vers le monde « extérieur » et tenter de pousser notre sloop de pêche à toute allure parmi les chenaux ouverts de la zone glacée qui entoure les régions polaires.

---

[21] « Les nuits ne sont jamais aussi sombres aux pôles que dans les autres régions, car la lune et les étoiles semblent y posséder deux fois plus de lumière et d'éclat. De plus, il y a en permanence une lumière dont les nuances et le jeu sont parmi les phénomènes les plus étranges de la nature. » - *Rambrosson's Astronomy*.

[22] « Le fait qui donne au phénomène des aurores polaires sa plus grande importance est que la Terre devient auto-lumineuse; que, mise à part la lumière qu'elle reçoit, en tant que planète, du corps central, elle démontre une capacité de maintenir un procédé d'illumination qui lui est propre. » - Humboldt

Nous fûmes bientôt au milieu des blocs de glace; comment notre petit bateau réussit-il à passer au travers des chenaux étroits, évitant d'être fracassé, je l'ignore. Le compas se comporta de la même manière titubante et non fiable en passant la courbe ou rebord sud de la coquille terrestre, qu'il l'avait fait dans l'ouverture nord, lors de notre voyage d'arrivée. Il tournoyait, s'inclinait et semblait être possédé. [23]

Un jour, alors que je contemplais paresseusement les eaux claires par-dessus la rambarde du sloop, mon père s'écria : « Brisants droit devant ! ». Relevant la tête, j'aperçus, à travers le brouillard qui se levait, un objet blanc faisant plusieurs centaines de pieds de haut et qui nous bloquait complètement le chemin. Nous ramenâmes aussitôt la voile; ce n'était pas trop tôt. En un instant, nous nous retrouvâmes coincés entre deux monstrueux icebergs. Ils se bousculaient l'un l'autre en grinçant. Ils étaient comme deux dieux guerriers combattant pour la suprématie. Nous étions profondément alarmés. En fait, nous étions sur le champ d'une bataille royale; le son de tonnerre de la glace se broyant était comme des tirs continuels d'artillerie. Des blocs de glace plus grands que des maisons étaient fréquemment soulevés d'une centaine de pieds par la puissante force de la pression latérale. Ils frémissaient et se balançaient pendant quelques secondes, puis venaient se fracasser dans un grondement assourdissant et disparaissaient dans les eaux écumeuses. Et, pendant plus de deux heures, le combat des géants de glace se poursuivit.

Le combat semblait être arrivé à sa fin. La pression de la glace était énorme et, quoique nous ne soyons pas pris dans

---

[23] À la page 105 des *Voyages in the Arctic Regions*, le capitaine Sabine dit : « La détermination géographique de la direction et de l'intensité des forces magnétiques à différents points de la surface de la Terre, a été considéré comme un sujet méritant une recherche spéciale. L'examen, dans différentes parties du globe, de la déclinaison, de l'inclinaison et de l'intensité de la force magnétique, leurs variations périodiques et aléatoires et leurs rapports et dépendances mutuels, ne pourrait être dûment opéré que dans des observatoires magnétiques fixes. »

« Mon père s'écria :"Brisants droit devant !" »

la partie dangereuse de l'embouteillage et étions, pour le moment, hors de danger, le soulèvement et l'éclatement de tonnes de glace, tombant en éclaboussant ici et là dans les profondeurs de l'eau, nous laissa tremblants de peur.

Finalement, à notre grande joie, le grincement de la glace cessa et, en quelques heures, l'énorme masse se divisa lentement; comme sous l'action d'une grâce providencielle, droit devant nous, il y avait maintenant un chenail ouvert. Devions-nous nous aventurer dans cette ouverture avec notre petit bateau ? Si la pression recommençait, notre petit sloop et nous-mêmes serions réduits en poussière. Nous décidâmes de prendre le risque et hissâmes donc la voile sous une brise favorable, nous mettant bientôt, comme un cheval de course, à courir la bouline de cet étroit et inconnu canal d'eau libre.

PARTIE V

AU MILIEU DES BLOCS DE GLACE

Pendant les 45 jours qui suivirent, tout notre temps fut consacré à esquiver les icebergs et à repérer des chenaux; en fait, si nous n'avions pas été favorisés par un fort vent du sud et un petit bateau, je doute que cette histoire eut jamais été donnée au monde.

Finalement, un bon matin, mon père me dit : « Mon fils, je crois que nous reverrons notre maison. Nous avons presque traversé les glaces. Regarde ! Les eaux libres s'étendent devant nous. »

Cependant, quelques icebergs avaient flotté loin au nord, dans les eaux libres encore devant nous de chaque côté, s'étendant sur plusieurs milles. Droit devant nous et selon le compas, qui fonctionnait maintenant correctement, droit au nord, s'étendait la haute mer.

« Quelle merveilleuse histoire nous aurons à raconter aux gens de Stockholm », continua mon père, tandis qu'une allégresse bien excusable illuminait son honnête visage. « Et pense aux pépites d'or emmagasinées dans la cale ! »

Je dis de gentils mots de louange à mon père, pas seulement pour sa force d'âme et son endurance, mais aussi pour sa courageuse audace comme découvreur et pour avoir entrepris ce voyage qui semblait maintenant promis à une fin heureuse. Je lui étais aussi reconnaissant d'avoir amassé la fortune en or que nous rapportions à la maison.

Tandis que nous nous félicitions de la grande réserve de provisions et d'eau qu'il nous restait encore et des dangers auxquels nous avions échappé, le bruit d'une des plus terribles explosions, causée par la rupture d'une énorme montagne de glace, nous fit sursauter. C'était un grondement assourdissant, comme si un millier de canons faisaient feu en même temps. À ce moment-là, nous naviguions à grande vitesse et nous trouvions près d'un monstrueux iceberg qui, selon toutes apparences, était aussi inébranlable qu'une île de pierre. Il semblait toutefois que l'iceberg s'était fragmenté et qu'il était en train de se briser en morceaux, après quoi l'équilibre du monstre le long duquel nous naviguions fut compromis et il commença à basculer en s'éloignant de nous. Mon père anticipa rapidement le danger, avant même que je réalise ses terribles conséquences potentielles. L'iceberg était immergé de plusieurs centaines de pieds et, comme il basculait, la partie immergée sortit de l'eau, attrapant notre bateau de pêche comme un levier sur un pivot et le lançant en l'air comme s'il s'agissait d'un ballon.

Notre bateau retomba sur l'iceberg, dont le côté le plus près de nous était maintenant devenu le sommet. Mon père était encore sur le bateau, enchevêtré dans le gréement, tandis que j'avais été projeté quelque vingt pieds plus loin.

Je bondis sur mes pieds et criai à mon père qui me répondit : «Tout va bien.» C'est alors que je commençai à réaliser. Horreur des horreurs ! Mon sang se figea dans mes veines. L'iceberg bougeait toujours et son énorme poids, combiné à la force dégagée en basculant, le feraient submerger temporairement. Je réalisai pleinement l'énorme tourbillon que cela provoquerait dans le monde marin tout autour de nous. Les eaux se précipiteraient dans la dépression avec toute leur fureur, comme des loups montrant les dents, avides de proies humaines.

En cet instant d'anxiété suprême, je me souviens avoir jeté un coup d'œil à notre bateau, reposant sur le côté et m'être demandé s'il était possible qu'il puisse se redresser et si mon père avait pu se dégager. Était-ce la fin de nos luttes et de nos aventures ? Était-ce la mort ? Toutes ces questions traversèrent mon esprit en une fraction de seconde et, un instant plus tard, j'étais engagé dans un combat entre la vie et la mort. Le lourd monolithe de glace coula sous la surface et les eaux glaciales bouillonnèrent autour de moi avec une fureur sauvage. J'étais comme dans une soucoupe avec de l'eau affluant de tous côtés. L'instant qui suivit, je perdis connaissance.

Après avoir recouvré partiellement mes sens et avoir récupéré de l'évanouissement d'un homme à demi noyé, je me retrouvai étendu sur l'iceberg, mouillé, courbaturé et presque gelé. Mais il n'y avait aucune trace de mon père ni de notre petit sloop de pêche. L'immense iceberg, maintenant stabilisé avec un nouvel équilibre, s'élevait à environ 50 pieds au-dessus des vagues. Le sommet de cette île de glace formait un plateau d'environ un demi-acre de superficie.

J'aimais bien mon père et j'étais accablé de douleur par l'horreur de sa mort. Je pestais aussi contre le destin de ce qu'il ne m'avait pas permis d'aller dormir avec lui dans les profondeurs de l'océan. Finalement, je me remis sur pieds et jetai un regard autour de moi. Le pourpre du ciel au-dessus de moi, le vert de l'océan sans fin au-dessous et seuls quelques icebergs occasionellement discernables ! Je sombrai dans un profond désespoir. Je marchai avec prudence vers l'autre côté de l'iceberg, espérant que notre bateau de pêche puisse s'être redressé.

Osais-je encore croire qu'il était possible que mon père soit toujours en vie ? Ce n'était qu'une faible lueur d'espoir au fond de mon cœur. Mais l'anticipation réchauffa le sang dans mes veines, le faisant couler avec une grande intensité, comme quelque rare stimulant, à travers chaque fibre de mon corps.

Je rampai jusqu'au bord abrupte de l'iceberg et jetai un coup d'œil loin vers le bas, espérant, espérant encore. Puis, je fis le tour de l'iceberg, fouillant chaque recoin; et je continuai ainsi de tourner en rond, encore et encore. Une partie de mon cerveau devait certainement être en train de devenir maniaque, alors que l'autre partie, je crois, était, et est encore aujourd'hui, parfaitement lucide.

J'étais conscient d'avoir fait le même parcours une douzaine de fois et tandis qu'une partie de mon intelligence savait qu'il n'y avait raisonnablement plus l'ombre d'un espoir, une sorte d'étrange et fascinante aberration m'ensorcelait, m'obligeant quand même à garder espoir. L'autre partie de mon cerveau semblait me dire que, même s'il n'y avait aucune possibilité que mon père soit encore vivant, si je cessais de faire ce tortueux pèlerinage, si je m'arrêtais ne fut-ce qu'un court moment, ce serait reconnaître la défaite et que si je faisais cela, je sentais que je deviendrais fou. Par conséquent, heure après heure, je marchai sans arrêt de tous côtés, craignant d'arrêter et de me reposer, bien qu'étant physiquement incapable de continuer encore bien longtemps. Ô horreur des horreurs que d'être naufragé sur cette immense étendue d'eau, sans nourriture ni eau potable, avec seulement un dangereux iceberg pour demeure éternelle ! Le cœur me manqua et tout semblant d'espoir se changea graduellement en une noire désespérance.

C'est alors que le Sauveur étendit sa main et que le calme morbide d'une solitude qui devenait rapidement insupportable fut soudainement brisé par le tir d'un pistolet de signalisation. Un sursaut de surprise me fit lever la tête lorsque je

« À moins d'un demi-mille, il y avait une baleinière. »

vis, à moins d'un demi-mille, une baleinière venant sur moi toutes voiles dehors.

De toute évidence, mon activité soutenue sur l'iceberg avait attiré leur attention. Après s'être approchés, ils mirent une chaloupe à la mer et, descendant prudemment jusqu'au bord de l'eau, je fus secouru et hissé, peu après, à bord de la baleinière.

Je découvris qu'il s'agissait d'une baleinière écossaise, « The Arlington ». Elle avait pris la mer à Dundee en septembre et mis immédiatement le cap sur l'Antarctique, à la recherche de baleines. Le capitaine, Angus MacPherson, semblait bien disposé, mais en matière de discipline, comme je l'appris bientôt, il avait une volonté de fer. Quand je tentai de lui expliquer que je revenais de l'« intérieur » de la Terre, le capitaine et son second se regardèrent, secouèrent la tête et insistèrent pour que je reste allongé dans une couchette sous surveillance stricte du médecin de bord.

J'étais très affaibli par le manque de nourriture et le fait que je n'avais pas dormi depuis plusieurs heures. Cependant, après quelques jours de repos, je me levai un matin et m'habillai sans demander la permission du médecin ni de personne d'autre et leur dis que j'étais aussi sain d'esprit que quiconque.

Le capitaine m'envoya chercher et me questionna encore, me demandant d'où je venais et comment je m'étais retrouvé seul sur un iceberg dans le lointain océan Antarctique. Je répondis que je venais juste de revenir de « l'intérieur » de la Terre et me mis à lui raconter comment mon père et moi nous y étions rendus en passant par Spitzberg et en étions ressortis en passant par le pôle sud; après quoi, je fus mis aux fers. Par la suite, j'entendis le capitaine dire à son second que j'étais aussi fou qu'un lièvre en mars et que je devais rester confiné jusqu'à ce que je sois suffisamment sensé pour dire la vérité à mon sujet.

« Après quoi, je fus mis aux fers. »

Finalement, après beaucoup de supplication et plusieurs promesses, je fus libéré des fers. Je décidai alors d'inventer une histoire qui satisferait le capitaine et de ne plus jamais faire mention de mon voyage sur la terre du « Dieu de Brume », du moins jusqu'à ce que je sois en sécurité au milieu de mes amis.

En moins de quinze jours, je fus autorisé à circuler et à prendre ma place parmi les marins. Un peu plus tard, le capitaine me demanda une explication. Je lui racontai que mon expérience avait été si horrible que ce souvenir me terrorisait et je le suppliai de laisser cette question en suspend pour un certain temps encore. « Je crois que vous récupérez considérablement, » dit-il, « mais vous n'êtes pas encore sain d'esprit, loin s'en faut. » « Permettez-moi d'accomplir les tâches que vous voudrez bien m'assigner », rétorquai-je, « et si cela ne compense pas suffisamment, je vous paierai immédiatement en arrivant à Stockholm – jusqu'au dernier sous. » Ainsi, l'affaire fut conclue.

Comme je l'ai précédemment raconté, en arrivant finalement à Stockholm je découvris que ma bonne mère s'était endormie de son ultime sommeil, plus d'un an auparavant. J'ai aussi raconté comment, plus tard, suite à la traîtrise d'un membre de ma famille, je me retrouvai enfermé dans un institut psychiatrique où je demeurai pendant vingt-huit années – d'interminables années – et comment, plus tard encore, après ma libération, je retournai à la vie de pêcheur, y restant assidu pendant vingt-sept ans, puis comment, par la suite, je vins en Amérique, pour me retrouver finalement à Los Angeles, en Californie. Mais tout cela n'a que peu d'intérêt pour le lecteur. En fait, il me semble que le point culminant de mes merveilleux voyages et de mes étranges aventures se produisit lorsque le vaisseau de navigation écossais me ramassa sur l'iceberg dans l'océan Antarctique.

PARTIE VI
CONCLUSION

Pour conclure ce récit de mes aventures, je tiens à dire que je crois fermement que la science n'en est encore qu'à ses balbutiements en ce qui concerne la cosmologie de la Terre. Il y a tant d'éléments qui sont encore ignorés de la connaissance officielle contemporaine et il en sera ainsi jusqu'à ce que le monde du « Dieu de Brume » soit connu et agréé par nos géographes.

C'est le pays d'où proviennent les énormes troncs de cèdre, trouvés par des explorateurs en haute mer, loin au-delà du rebord nord de la croûte terrestre, ainsi que les corps de mammouths dont les os se retrouvent en vastes couches sur la côte sibérienne.

Les explorateurs nordiques ont beaucoup accompli. Sir John Franklin, De Haven Grinnell, Sir John Murray, Kane, Melville, Hall, Nansen, Schwatka, Greely, Peary, Ross, Gerlache, Bernacchi, Andree, Amsden, Amundson et bien d'autres se sont tous efforcés de prendre d'assaut la mystérieuse citadelle de glace.

Je crois fermement qu'Andree et ses deux courageux compagnons, Strindberg et Fraenckell, partis de la côte nord-ouest de Spitzberg à bord de la mongolfière « Oreon », ce dimanche après-midi du 11 juillet 1897, sont maintenant

**GLOBE SHOWING SECTION OF THE
EARTH'S INTERIOR**

The earth is hollow.   The poles so long
sought are but phantoms.   There are openings
at the northern and southern extremities.

172

« La Terre est creuse. Les pôles, si longtemps recherchés,
ne sont que des fantômes.
Il y a des ouvertures aux extrémités nord et sud. »

dans le monde « intérieur » et qu'ils y sont sans nul doute tout aussi bien reçus que mon père et moi le fûmes par la race de géants bienveillants qui habitent le continent Atlantique « interne ».

Ayant, à mon humble façon, consacré plusieurs années à ces problèmes, je suis bien renseigné sur les définitions officielles de gravité, tout comme je connais la cause de l'attraction de l'aiguille magnétique et je suis prêt à dire que je crois fermement que l'aiguille magnétique est influencée uniquement par des courants électriques qui enveloppent complètement la Terre, comme un vêtement, et que ces courants électriques forment un circuit sans fin, passant par la sortie sud de l'ouverture cylindrique terrestre, se diffusant et se répandant ensuite sur toute la surface « extérieure », puis se précipitant frénétiquement vers le pôle nord. Et alors que ces courants semblent se perdre dans l'espace à la courbure ou au rebord de la Terre, en réalité ils retombent vers la surface « interne » et poursuivent leur chemin vers le sud le long de « l'intérieur » de la croûte terrestre, en direction de l'ouverture du soi-disant pôle sud. [24]

Quant à la gravité, personne ne sait ce que c'est, car il n'a pas été déterminé si c'est la pression atmosphérique qui fait tomber la pomme, ou si, à cent cinquante milles sous la surface de la Terre, supposément à mi-chemin à travers la croûte terrestre, il existe quelque puissante magnétite dont la force d'attraction l'attire. Donc, savoir si la pomme, quand elle se détache de la branche de l'arbre, est soit attirée soit poussée vers le bas jusqu'au point de résistance le plus proche, est encore inconnu de ceux qui étudient la physique.

---

[24] « M. Lemstrom en vint à la conclusion qu'une décharge électrique que l'on ne pouvait percevoir qu'en utilisant un spectroscope, se produisait à la surface du sol tout autour de lui et, qu'à distance, cela devait apparaître comme la pâle manifestation d'une aurore, ce phénomène de pâle et ardente lumière qui est parfois observé au sommet des montagnes de Spitzberg. » – *The Arctic Manual*, page 739.

Sir James Ross prétendait avoir découvert le pôle magnétique à environ 74 degrés de latitude. C'est faux – le pôle magnétique est exactement à mi-distance au travers de la croûte terrestre. Donc, si la croûte terrestre fait trois cent milles d'épaisseur, ce qui est l'estimation que j'en ai faite, alors le pôle magnétique se trouve, sans nul doute possible, à cent cinquante milles sous la surface de la Terre, quel que soit l'endroit où le test est effectué. Et en ce point spécifique, cent cinquante milles sous la surface, la gravité cesse, devient nulle; et quand on dépasse ce point, se dirigeant vers la surface « interne » de la Terre, une attraction géométriquement inverse augmente en puissance jusqu'à ce que les autres cent cinquante milles soient traversés, ce qui nous conduit à la surface « interne » de la Terre.

Ainsi, si un trou était creusé au-travers de la croûte terrestre à Londres, à Paris, à New York, a Chicago ou à Los Angeles, sur une profondeur de trois cent milles, il connecterait les deux surfaces. Tandis que le moment d'inertie d'un poids lâché de la surface « externe » l'amènerait beaucoup plus loin que le centre magnétique, avant d'atteindre la surface « interne » de la Terre, le poids diminuerait graduellement de vitesse après avoir dépassé le point centre, finirait par s'arrêter et repartirait immédiatement en direction de la surface « externe », continuant à osciller ainsi, comme le balancement d'un pendule mais sans sa source de puissance, jusqu'à ce qu'il s'arrête finalement au centre magnétique, ce point spécifique exactement à mi-chemin entre les surfaces « interne » et « externe » de la Terre.

La rotation en spirale quotidienne de la Terre – à une vitesse de plus de mille milles à l'heure, ou d'environ 17 milles par minute – en fait un immense corps générateur d'électricité, une gigantesque machine, un puissant prototype de la chétive dynamo créée par l'homme et qui n'est au mieux qu'une pâle imitation de l'originale.

Les vallées de ce continent d'Atlantis « intérieur » qui bordent les eaux les plus hautes du nord le plus extrême se recouvrent, en saison, des fleurs les plus magnifiques et les plus luxuriantes. Ce ne sont ni des centaines, ni des milliers, mais bien des millions d'âcres à partir desquels le pollen ou les graines sont transportés au loin dans presque toutes les directions par la rotation en spirale de la Terre et par l'agitation des vents qui en résultent et ce sont ces graines et ce pollen, provenant de ces vastes champs de fleurs « intérieurs » qui produisent les neiges colorées des régions arctiques qui ont tant mystifié les explorateurs nordiques. [25]

Hors de tout doute, cette nouvelle terre « intérieure » est la patrie, le berceau, de la race humaine et, envisagée du point de vue de nos découvertes, elle doit nécessairement avoir une influence primordiale sur toutes les théories physiques, paléontologiques, archéologiques, philologiques et mythologiques de l'antiquité.

La même idée de retourner vers la terre de mystère - au tout début - aux origines de l'homme - se retrouve dans les traditions égyptiennes des antiques provinces terrestres des dieux, des héros et des hommes, dans les fragments historiques de Manéthon, entièrement vérifiés par les documents historiques retrouvés dans les plus récentes fouilles de Pompéi, tout comme dans les traditions des Indiens d'Amérique du nord.

Il est maintenant une heure du matin - le nouvel an 1908 est arrivé depuis trois jours et maintenant que j'ai enfin

---

[25] Kane, à la page 44 du vol. 1, affirme : « Nous avons passé les "falaises cramoisies" de Sir John Ross, dans la matinée du 5 août. Les pans de neige rouge d'où elles tirent leur nom, pouvaient être distinctement perçus à une distance de 10 milles de la côte. »

La Chambre, dans un compte rendu de l'expédition en montgolfière d'Andree, dit, à la page 144 : « Sur l'Île d'Amsterdam, la neige est teintée de rouge sur une distance considérable et les savants la recueillent pour l'examiner au microscope. Elle présente, en fait, certaines particularités ; on pense qu'elle contient de minuscules plantes. Scoreby, le célèbre baleinier, l'avait déjà remarqué. »

terminé le récit de mes étranges voyages et aventures que je désire qui soit donné au monde, je suis prêt et j'ai même hâte au repos paisible qui, j'en suis sûr, fera suite aux épreuves et aux vicissitudes de cette vie. Je suis vieux en âge et mûri autant par l'aventure que par le chagrin, mais aussi riche des quelques amis que j'ai rassemblés autour de moi, dans ma lutte pour mener une vie juste et droite. Comme une histoire presque toute racontée, ma vie tire à sa fin. J'ai le fort pressentiment que je ne vivrai pas assez longtemps pour voir le soleil se lever à nouveau. Par conséquent, je termine mon message.

Olaf Jansen.

PARTIE VII
POSTFACE DE
L'AUTEUR

J'ai éprouvé beaucoup de difficulté à déchiffrer et à éditer les manuscrits d'Olaf Jansen. Toutefois, je n'ai pris la liberté de reconstruire qu'un tout petit nombre de ses expressions et ce, en prenant toujours grand soin de ne changer ni l'esprit ni la signification. Sinon, rien n'a été ni ajouté ni enlevé au texte original.

Il est impossible pour moi d'exprimer mon opinion sur la valeur ou la fiabilité des merveilleuses affirmations faites par Olaf Jansen. La description donnée ici des terres et du peuple étranges qu'il a visités, la localisation des villes, les noms et la direction des fleuves et toutes autres informations combinées, sont conformes en tout point aux dessins sommaires confiés à ma garde par ce vieux Scandinave, lesquels dessins ainsi que le manuscrit il est dans mon intention de remettre, à une date ultérieure, à la Smithsonian Institution, afin de les préserver au bénéfice de ceux intéressés par les mystères de l'extrême nord – le cercle glacé de silence. Il est certain qu'il y a plusieurs choses dans la littérature védique, dans *Josephus*, *l'Odyssée*, *l'Iliade*, *Early History of Chinese Civilization* de Terrien de Lacouperie, l'*Astronomical Myths* de Flammarion, *Beginnings of the History* de Lenormant, la *Theogony* d'Hésiode, les écrits de Sir John de Maundeville et *Records of the Past* de Sayce, qui sont, pour le moins, étrangement en harmonie avec le texte apparamment incroyable que l'on retrouve dans le manuscrit jauni du vieux Scandinave, Olaf Jansen et qui est maintenant, pour la première fois, donné au monde.

DEUXIÈME PARTIE

De nombreux témoignages qui
confirment l'existence d'une terre
intérieurement habitée

LE MYSTÈRE DE L'AGARTHA

Le mot « Agharta » ou « Agartha » est d'origine bouddhiste. Il désigne un vaste empire souterrain dont l'existence est reconnue par les bouddhistes. Wilfried-René Chetteoui dans son livre *L'Agartha, Mythe ou Réalité*, nous donne les racines Uighur du mot Agartha : AGA = grand, AR = esprit universel, THA = pureté intégrale. C'est une assemblée d'êtres très purs qui oeuvrent à l'évolution de l'humanité. Ils sont les gardiens de notre mémoire. Agartha est devenu relativement secrète et souterraine au début du Kali-Yuga ou âge sombre. Sa réapparition coïncidera avec la fin de cet âge.

On retrouve encore en surface des traces de ces géants qui composent une partie de sa population. Ils mesurent jusqu'à cinq mètres de haut. Les statues gigantesques des premiers rois et des premiers dieux d'Égypte, comme celles du Bouddha que l'on retrouve dans tout l'Orient, représentent des êtres souterrains qui vinrent à la surface aider la race humaine. En Égypte, des statues représentent ces géants avec une taille quatre fois plus grande que celle de leurs épouses, représentées à côté d'eux. Car ces dieux venus de l'intérieur de la Terre trouvèrent que les femmes des hommes étaient belles...

Ces êtres de l'intérieur, quand ils viennent à la surface, ont le pouvoir de se transformer pour ressembler aux hommes, sans être pour autant comme eux. Ils doivent demeurer anonymes pour remplir leur mission. Aussi pouvons-nous les croiser sans le savoir.

Témoignage du *comte Maurice de Moncharville*, suite à un voyage qu'il fit en 1907 dans les sanctuaires d'Agartha :

« Pendant plusieurs années que dura ma mission à Lhassa, j'ai gagné la confiance et l'amitié de tous et alors j'ai appris ce que probablement aucun autre initié d'occident n'a jamais connu.

Lorsque je fus sur le point de partir, les moines m'emmenèrent par d'interminables escaliers creusés dans la montagne, dans une véritable ville souterraine située au-dessous du temple. Et là, on me fit entrevoir la collection des objets rapportés d'Atlantis avant la catastrophe... »

Voici un extrait de l'ouvrage : *Histoire inconnue des hommes depuis cent mille ans*, de Robert Charroux, d'après *Saint-Yves D'Alveydre* :

« L'Agartha est la grande Université initiatique d'Asie et son chef, le Mahatma, joue – sans l'usurper – le rôle de Souverain Pontife Universel.

Ce rôle est essentiellement éducatif et pacifique, encore que l'Agartha possède la connaissance d'une science physique qui lui permettrait de faire exploser notre planète et que sa science psychique soit à l'avenant.

Elle a voulu laisser ignorer son existence jusqu'au XIXe siècle.

Pourquoi les Pontifes ont-ils dérobé leur Université aux regards du public ? Parce que leur science aurait, comme la nôtre, armé, contre l'humanité, le Mal, l'Anti-Dieu et le gouvernement général de l'Anarchie.

Les mystères ne seront abrogés que si les promesses de Moïse et de Jésus sont tenues par les Chrétiens, c'est-à-dire si l'anarchie du monde fait place à la Synarchie

Où se trouve l'Agartha ?

Il ne convient pas de donner ici d'autres précisions que les suivantes :

Avant Ram, son centre, qui était à Ayodhya, la Ville Solaire, passa en un autre point; puis, en 1800 av. J.-C., le sanctuaire se fixa dans l'Himalaya en un endroit connu de plusieurs millions d'asiatiques.

On ne trouvera parmi eux aucun traître pour révéler le lieu de ses nouvelles assises.

Le territoire sacré de l'Agartha a une population de 20 millions d'âmes : il n'y a pas de prison; la peine de mort n'est pas appliquée; la police est faite par les pères de famille.

Des millions de Dwijas (nés deux fois) et de Yogis (unis en Dieu) habitent les faubourgs symétriquement divisés de l'Agartha et sont répartis dans des constructions principalement souterraines.

Au-dessus d'eux : 5 000 Pundits (savants), 365 Bagwandas (cardinaux), puis les douze Membres de l'Initiation suprême.

Les bibliothèques qui renferment depuis 55 700 ans la véritable synthèse de tous les arts et de toutes les sciences sont accessibles aux profanes. Elles se trouvent dans les entrailles de la Terre.

Les véritables archives de la Paradesa (Université) occupent des milliers de kilomètres. Le jour où l'Europe aura fait succéder la Synarchie trinitaire à son gouvernement général anarchique, toutes ces merveilles deviendront accessibles.

D'ici là, malheur aux imprudents qui se mettraient à fouiller la Terre. Ils n'y trouveraient qu'une déconvenue certaine et une mort inévitable.

Seuls le Souverain Pontife de l'Agartha avec ses principaux assesseurs possèdent la connaissance totale du catalogue de cette bibliothèque planétaire. Les fakirs sont pour la plupart d'anciens élèves de l'Agartha qui ont arrêté leurs études avant les hauts grades. Nul ne peut emporter de l'Agartha les textes originaux de ses livres d'études. La mémoire seule doit en conserver l'empreinte.

C'est ainsi qu'au VIe siècle av. J.-C., Cakya Mouni (Bouddah) revenant dans sa cellule après une excursion, poussa un cri terrible en ne retrouvant plus ses cahiers d'études sur lesquels il comptait pour accomplir son mouvement révolutionnaire préparé en cachette.

En vain courut-il au Temple Central où demeure le Brahat-mah; les portes en restèrent impitoyablement fermées.

En vain mit-il en œuvre pendant toute une nuit la totalité de ses notions de magie. La Hiérarchie Supérieure avait tout prévu et savait tout.

Le fondateur du Bouddhisme dut s'enfuir et dicter en toute hâte à ses premiers disciples ce que sa mémoire avait pu retenir.»

Il se pourrait que des êtres venus d'autres planètes, incapables de supporter longtemps l'atmosphère terrestre, se soient enfoncés dans le sol, laissant à la surface l'incompréhensible trace de leur passage. Incompréhensible pour nous, mais non pour ceux de leur race.

Des ancêtres supérieurs auraient donc habité l'Agartha en y pénétrant par le Dolmen de Do-King (Tibet), comme ils auraient pénétré dans d'autres centres souterrains de Bretagne, de Palestine et des Indes, c'est-à-dire aux points du globe où foisonnent les dolmens et les grottes.

En ce sens, les alignements de Carnac, en France, prennent une signification fantastique qui fut mentionnée par la mythologie Celtique. Il est aussi intéressant de noter que les extra planétaires des Andes, avant leur exode vers l'Égypte, s'enterrèrent dans la cité souterraine de Tiahuanaco, ce qu'il serait exagéré de considérer comme une simple coïncidence.

Le philosophe, peintre et explorateur russe *Nicolas Roerich*, qui a beaucoup voyagé en Extrême Orient, prétend que Lhassa, la capitale du Tibet, est rattachée par un tunnel à Shamballah, la capitale de l'Agartha. L'entrée de ce tunnel serait gardée par des lamas ayant ordre d'éloigner les étrangers et de ne rien dévoiler du Grand Secret. Certains pensent qu'un tunnel identique devait relier les chambres secrètes situées à la base de la Pyramide de Gizeh avec le Monde souterrain. Ce serait ainsi que les pharaons établissaient le contact avec les dieux et les surhommes vivant à l'intérieur de la Terre.

Au cours de ses voyages en Asie, Nicolas Roerich s'est fait montrer de longs corridors souterrains. Les indigènes lui ont raconté que des gens étranges sortaient quelques fois de ces catacombes pour faire des achats en ville et qu'ils payaient avec des monnaies anciennes que personne n'était capable d'identifier.

Ils lui dirent que parfois ces êtres étranges arrivent à cheval, déguisés en marchands, bergers ou soldats pour passer inaperçus. Ils font des cadeaux aux mongols.

Un guide indigène lui raconta que de grands hommes blancs ainsi que des femmes étaient apparues, surgissant du fond des montagnes par des sorties secrètes. On les avait vus avancer dans l'obscurité, des torches à la main. Selon l'un des guides, ces mystérieux montagnards auraient même porté secours à des voyageurs.

Un moine tibétain déclara à Nicolas Roerich : « Les hommes de Shambhalla paraissent quelques fois dans ce monde. Ils rencontrent ceux de leurs collaborateurs qui travaillent sur terre. Ils envoient parfois pour le bien de l'humanité des dons précieux et des reliques remarquables. »

Des communautés secrètes existent à travers tous les pays du monde : Égypte, Inde, Tibet, Chine, Liban, France, Canada, États-Unis, Cuba, Pérou, Brésil, etc... L'île d'Haïti, par exemple, compte plusieurs grottes qui sont toutes gardées. À travers toute l'île, très souvent dans les campagnes, des paysans en se baignant dans les rivières disparaissent sous l'eau. On les croit morts, mais ils reviennent après des mois ou parfois même des années et ils racontent l'aventure qu'ils ont vécue dans un lieu inconnu qu'ils ne sauraient retrouver. Bien entendu, ils racontent ce dont ils se souviennent; car ces peuples ont le pouvoir d'effacer de la mémoire des gens qu'ils laissent pénétrer chez eux, les choses qui ne doivent pas être révélées. Ces personnes reviennent souvent avec des dons rares qu'ils utilisent au service du bien.

En octobre 2006, au cours d'un voyage dans cette île, on m'a raconté cette histoire insolite : Une paysanne qui vit dans un petit village non loin de Jérémie avec sa famille, avait l'habitude de moudre son grain dans sa cour, à un certain endroit. À plusieurs reprises, dans un rêve éveillé, elle reçut la visite d'une très jolie dame de très grande taille, dont l'apparence n'avait rien de commun avec les gens de son milieu ni avec les personnes qu'elle avait l'habitude de voir en Haïti.

Cette dame lui demanda de bien vouloir aller moudre son grain un peu plus loin, car le bruit réveillait son enfant qui dormait directement en dessous. Cette paysanne, ignorant la réalité de la Terre Creuse, ne savait pas comment interpréter ce rêve éveillé qui ressemblait plus à une vision et elle n'en fit rien. La belle dame, après plusieurs avertissements, revint et lui dit : « Je vous ai avertie plusieurs fois et vous ne faites rien. Si vous continuez, nous serons obligés de déplacer votre maison. »

Ce n'était qu'un rêve et elle n'en tint toujours pas compte. Un soir où il bruinait légèrement, pendant leur sommeil, un vent léger transporta la petite maison qui se retrouva à l'endroit que la belle dame lui avait indiqué. Quand ils s'éveillèrent, ce fut un grand choc pour cette petite famille et surtout pour la paysanne qui dût être transportée d'urgence à l'hôpital.

Un autre homme me raconta que sa mère avait été visitée par un vieillard qui avait pris l'apparence d'un pauvre. Elle lui donna à manger et lui prépara un coin dans sa maison pour se construire un lit. Quand vint le temps pour ce vieillard de partir, il annonça à la femme qu'elle mettrait au monde un enfant à telle date. Elle n'en crut pas un mot puisque tous les médecins qu'elle avait consultés lui avaient affirmé qu'elle n'aurait jamais d'enfants, d'autant plus que cette dame était déjà dans la quarantaine. Ce qu'il convient d'appeler un miracle se produit à la date annoncée : elle mit au monde un beau garçon d'une intelligence peu commune qui, au fil des ans, développa des dons très rares. Chaque fois que cet enfant était en danger, ce vieillard refaisait son apparition. Un jour, il leur donna les indications permettant de le visiter dans l'une de ces grottes et ils constatèrent que l'apparence réelle de ce vieillard était moitié cheval et moitié homme, mais qu'il avait changé son apparence pour ne pas effrayer sa protégée.

Cet homme tient à garder l'anonymat.

Est-il possible que plusieurs humanités habitent l'intérieurs de notre globe ? Parmi les nombreux pouvoirs qu'ils détiennent, celui de changer leur apparence en est un.

Est-il possible que nous croisions ou que nous rencontrions souvent de ces êtres sans le savoir ?

Est-il possible qu'ils viennent souvent sous diverses apparences pour tester notre humanité et notre compassion ?

Les prédateurs de certains pays industrialisés déclanchent des guerres et provoquent des chicanes entre les peuples afin de pouvoir, au nom de la paix, s'installer dans ces endroits. Ils prétendent protéger les habitants, mais la vérité est qu'ils sont à la recherche des trésors que cache le sous-sol de ces pays. Il n'y a pas que de l'or et du pétrole dans les « déserts » du monde; il y a aussi leur sous-sol qui cache les trésors des âges passés. Les hommes influents de ce monde qui, pour la plupart, sont des initiés, sont bien au courant de ces faits. Mais auraient-ils vendu leur âme pour se livrer à de telles guerres qui font tant de victimes, laissant les peuples dans une souffrance abjecte ? Une chose est certaine, ils n'auront jamais accès à ces trésors. La Hiérarchie des maîtres de la Terre Creuse y veille.

LA VIE DES MAÎTRES

L'Américain Baird Spalding participa, avec un groupe de scientifiques, à une expédition en Asie : Inde, Népal, Tibet, Chine. Dans son livre intitulé *La vie des Maîtres*, publié en 1921, il donne de nombreux détails sur la vie de ces grands êtres qu'ils rencontrèrent.

Ils visitèrent des lieux inaccessibles au commun des mortels où ils furent témoins de très grandes manifestations : une petite maison, un temple, un escaliers leur donnant accès à l'un des lieux jamais visités par un humain qui ne soit pur. Ils furent témoins de matérialisations de toutes sortes : nourriture, vêtements, boissons, etc.. Devant eux, un de ces maîtres, en quelques minutes, accomplit tout le processus de la transformation du blé, en un pain qu'ils mangèrent. Ce livre apporte une grande ouverture de conscience. Nous recommandons aussi l'ouvrage *Les Mystères Dévoilés*, de Godfré Ray King, qui va un peu dans le même sens, apportant une grande transformation et une confirmation de la présence de la hiérarchie de lumière auprès des hommes.

LES VÉNUSIENS DU MONT SHASTA

Extrait de l'ouvrage de Robert Charroux : *Histoire inconnue des hommes depuis cent mille ans* :

« Dans son livre, *Les Civilisations inconnues*, Serge Hutin écrit :

"Sur les montagnes de Californie, on signale de temps à autre une étrange lumière éblouissante comme le flash d'un photographe et qui serait produite par des hommes mystérieux.

On raconte toutes sortes d'autres récits légendaires, que l'on place plus volontiers sur le Mont Shasta, à l'extrémité nord du massif montagneux de la Sierra Nevada.

Le majestueux Mont Shasta, d'accès difficile, est un ancien cône donnant encore périodiquement de légers signes d'activité volcanique. Dans tout ce district, encore mal connu, de la Californie septentrionale, on signale des hommes 'étranges' surgis parfois des forêts (où ils se cachent d'ordinaire soigneusement) pour faire du troc avec les montagnards.

Ces hommes sont grands, gracieux, agiles, ont le front très élevé ; ils portent une coiffure spéciale dont une extrémité inférieure retombe sur le haut du nez.

... Des automobilistes circulant sur des routes forestières écartées ont rencontré à l'improviste des hommes d'une race inconnue vêtus de blanc, aux longs cheveux bouclés, de taille majestueusement élevée et qui disparaissaient à toute tentative faite pour entrer en contact avec eux.

Bien avant la vague de 'soucoupomanie', des témoins dignes de foi ont pu observer d'étranges 'vaisseaux aériens' de cette forme particulière, aperçus d'ailleurs aussi plus au nord, vers les Aléoutiennes et l'Alaska, tous ces engins volant sans le moindre bruit (trait caractéristique des fameuses soucoupes).

Une tradition californienne prétend qu'il existe un tunnel sous la base orientale du Mont Shasta, qui mène à un site mystérieux où se trouve une cité aux maisons étranges; les fumées qui s'échappent périodiquement du pieux cratère proviendraient non de phénomènes plutoniens, mais de la mystérieuse cité perdue.

... Pourquoi le public n'est-il pas informé de l'existence, en haut d'une montagne de Suède, d'une ceinture métallique, large de 1 003 pieds, à l'intérieur de laquelle pousse une végétation différente de toute végétation terrestre ?

De temps en temps, de mystérieuses cérémonies sont célébrées autour de grands feux; mais impossible de s'en approcher; les témoins sont immobilisés par des *vibrations* qui semblent les clouer au sol.

Le professeur *Edgard-Lucien Larkin*, ancien directeur de l'observatoire du mont Lowe, put apercevoir de loin un dôme métallique doré, entouré de constructions étranges.

Le docteur Lao-Tsin, dans le récit de son voyage dans une région de l'Asie centrale, décrit la randonnée périlleuse qu'il effectua sur les hauteurs du Tibet en compagnie d'un yogi originaire du Népal. Dans une région désolée, au fond des montagnes, les deux pélerins accédèrent à une vallée cachée, protégée des vents septentrionaux et bénéficiant d'un climat beaucoup plus chaud que celui du territoire environnant.

Il évoque ensuite la 'tour de Shambhala' et les laboratoires qui provoquèrent son étonnement. Les deux visiteurs furent mis au courant de grands résultats scientifiques obtenus par les habitants de la vallée. Ils assistèrent à des expériences télépathiques effectuées à grande distance. Ce médecin chinois est lié par sa promesse de ne rien révéler de ses nombreuses expériences. Car les mahatmas qui vivent dans ces retraites ne tiennent pas à être dérangés par des curieux, des sceptiques et des chercheurs de richesse. Quand l'élève est prêt, le maître lui indique le chemin qui mène vers lui.

En juillet 1881, le mahatma Koot Hoomi écrivit ceci :

'Pendant des générations sans nombre, l'adepte a construit un temple avec des roches impérissables, une tour gigantesque de la pensée infinie devenue la demeure d'un titan qui y restera, si nécessaire, seul et en sortira seulement à la fin de chaque cycle pour inviter les élus de l'humanité à coopérer avec lui et à contribuer à son tour à l'éclaircissement des hommes superstitieux.'

Le peuple souterrain

La vieillesse n'existe pas dans le royaume d'Agartha, ni la mort. C'est une société où chacun paraît jeune, même s'il est âgé de plusieurs centaines d'années. Cela semble incroyable aux habitants de la surface exposés aux effets nocifs des radiations solaires et d'une mauvaise alimentation. Mais il faut savoir que les symptômes de la vieillesse ne sont pas le résultat naturel du temps qui s'écoule. Ils sont l'expression de mauvaises conditions biologiques et d'habitudes néfastes. La sénilité est une maladie et comme les habitants de l'Agartha sont exempts de maladie, ils ne vieillissent pas.

Dans cette civilisation qui est matriarcale, la femme est considérée comme le sexe parfait et supérieur.

La culture scientifique très développée du peuple souterrain signifie une chose : c'est que ces gens ont exploité au maximum les possibilités de l'intelligence humaine. Et comment y sont-ils parvenus ? En faisant converger vers leur cerveau toutes leurs énergies vitales au lieu de les disperser dans des activités sexuelles dégradantes. En réalité, les problèmes sexuels, qui sont la préoccupation importante de notre monde, ne perturbent absolument pas celui-là. Grâce à leur régime à base de fruits et de légumes, les êtres souterrains ont des glandes endocrines qui fonctionnent harmonieusement, comme celles des enfants et leur métabolisme n'est pas contrarié par un afflux de toxines alimentaires ou d'aphrodisiaques comme le poivre, le café, le tabac ou l'alcool. En évitant d'alourdir ainsi leur sang et de s'intoxiquer à longueur de journée, comme nous le faisons, nous, à la surface, ces gens sont capables de vivre dans une abstinence totale et ils peuvent alors consacrer toute leur énergie vitale à une activité supérieure du cerveau.

Au Moyen Âge, on retrouve la même idée avec l'île d'Avalon, où les chevaliers de la Table Ronde, sous la conduite du roi Arthur et sous la protection de l'enchanteur Merlin, partirent à la recherche du saint Graal, symbole de respect, de justice et d'immortalité. Lorsque le roi Arthur fut grièvement blessé dans une bataille, il pria son compagnon, Belvédère, de le mettre sur un bateau qui l'emmènerait aux confins de la Terre. Puis il dit : 'Adieu, mon ami, je pars pour un pays où il ne pleut jamais, où la maladie n'existe pas et où on ne meurt pas.' Ce pays de l'immortalité, c'est l'Agartha, le Monde souterrain."

Brésil, on entend un cœur d'Atlante

Un immigrant allemand, établi à Santa Catarina (Brésil), a publié un livre consacré au Monde souterrain. Ce sont les Indiens eux-mêmes qui lui ont fourni toutes ses informations. La Terre est creuse, avec un soleil au centre et l'intérieur est habité par une race végétarienne qui ne connaît pas la maladie et qui vit très longtemps. Cette civilisation souterraine est reliée au monde de la surface par des tunnels, et un grand nombre de ces tunnels débouchent dans la région de Santa Catarina au sud du Brésil.

En ce qui nous concerne, nous avons consacré près de six années à étudier ces mystérieux tunnels qui truffent l'État de Santa Catarina. Les recherches sont toujours en cours. Sur une montagne, près de Joinville, on a entendu à plusieurs reprises des Atlantes – hommes et femmes – chantant en chœur. On a entendu aussi le "canta gallo" (le chant du coq), qui est le signal traditionnel pour indiquer la présence d'une ouverture conduisant à une ville intérieure. Ce cocorico n'est pas lancé par un animal, mais sans doute par quelque appareil du type sirène d'usine. »

UN RÉCIT DE SOURCE BRETONNE

Dans son livre *La légende de la mort*, le Breton Anatole Le Braz (1859-1926) recueillit ce récit en Armor et Argoat à la fin du siècle dernier. Le voici :

« Des marins de Douarnenez pêchaient une nuit dans la baie, au mouillage. La pêche terminée, ils voulurent lever l'ancre. Mais tous leurs efforts réunis ne purent la ramener. Elle était accrochée quelque part. Pour la dégager, l'un d'eux, hardi plongeur, se laissa couler le long de la chaîne.

Quand il remonta, il dit à ses compagnons :

- Devinez dans quoi était engagée notre ancre.

- Hé ! parbleu ! dans quelque roche.

- Non. Dans les barreaux d'une fenêtre.

Les pêcheurs crûrent qu'il était devenu fou.

- Oui, poursuivit-il, et cette fenêtre était une fenêtre d'église. Elle était illuminée. La lumière qui venait d'elle éclairait au loin la mer profonde. J'ai regardé par le vitrail. Il y avait la foule dans l'église. Beaucoup d'hommes et de femmes avec de riches costumes. Un prêtre se tenait à l'autel. J'ai entendu qu'il demandait un enfant de choeur pour lui répondre la messe.

- Ce n'est pas possible ! s'écrièrent les pêcheurs.

- Je vous le jure sur mon âme !

Ils contèrent la chose au recteur qui dit au marin qui avait plongé :

- Vous avez vu la cathédrale d'Is. Si vous vous étiez proposé au prêtre pour lui répondre sa messe, la ville d'Is tout entière serait ressuscitée des flots et la France aurait changé de capitale.

Paris peut se décomposer en : Par-Is : "égale à Is". Selon un dicton breton : "Quand Is resurgira, Paris sera engloutie." »

AUTRES INFORMATIONS
SUR LA TERRE CREUSE

Voici quelques informations qui permettront d'orienter une démarche vers les portes de l'Agartha, cette Terre intérieure, cette Terre promise.

En rendant l'information accessible aux individus, on fait preuve de respect envers leur libre choix, leur libre-arbitre d'assumer leur responsabilité face à leur vie, face à leur avenir. Autrement, ils avancent les yeux bandés vers la mort de leur corps, vers la fin de l'humanité, allant de catastrophe en catastrophe, d'un renversement des pôles à un autre, ignorant l'existence du peuple intérieur qui seul peut répondre au désir d'élévation, d'ascension, de l'humanité et lui donner le moyen de la réaliser.

Arnoldo de Azevedo a écrit :

« Il y a au-dessous de nous une immense région dont le rayon atteint 6 290 kilomètres et qui est complètement inconnue. C'est un véritable défi à la vanité et à la compétence des hommes de science. » (Extrait de l'ouvrage *La Terre Creuse,* de Raymond Bernard).

Nous ajoutons : c'est un véritable défi à l'égoïsme et à l'inconscience des hommes d'état, des hommes politiques et des hommes de science.

L'astronome et mathématicien anglais *Edmond Halley* (1656-1749) est la première personne à avoir écrit une œuvre complète sur le concept de la Terre Creuse. Il est également le premier à avoir donné une explication du phénomène des aurores boréales en précisant qu'elles sont le reflet de la lumière du soleil qui éclaire le Monde Souterrain (ce « Dieu de Brume » ou « Smoky God » dont parle Olaf Jansen). Ses travaux furent mal accueillis par les scientifiques de son époque. Aujourd'hui, on se souvient davantage de lui comme l'astronome qui découvrit la comète de Halley, qui porte son nom.

Lorsqu'il s'agit de véhiculer de l'information sur la Terre Creuse, on se heurte à un barrage infranchissable, une conspiration du silence allant souvent jusqu'à l'élimination de ceux qui persistent à vouloir lever le voile sur une information qui revient de droit à tous ceux qui se croient enfants de Gaïa et, donc, ont la responsabilité de sa vie, de son évolution.

L'américain *John Cleves Symmes* de son côté attira l'attention du monde entier (hommes politiques, hommes de science, opinion publique) par des communiqués déclarant que la Terre est creuse, qu'elle est formée de plusieurs sphères concentriques accessibles aux deux pôles et qu'elle est habitable en son centre. Il jugea nécessaire d'y adjoindre un certificat médical attestant de sa santé mentale. Symmes souhaitait vivement trouver l'aide nécessaire pour prouver ce dont il était convaincu. Tout comme Halley, ses appels trouvèrent peu d'écho. Épuisé par le combat, il décéda le 29 mai 1829. C'est cette même année qu'Olaf Jansen et son père quittèrent Stockholm sur un minuscule bateau en direction du nord pour un voyage de pêche qui les conduisit, après bien des péripéties, à l'intérieur de la Terre Creuse où ils passèrent plus de deux ans.

William Reed, écrivain américain, s'appuyant sur les témoignages d'explorateurs polaires qui l'ont précédé, reprit la thèse de la Terre Creuse dans son livre *Fantôme des pôles*. Selon lui, les pôles n'ont jamais été découverts parce qu'ils n'ont jamais existé. À la place, affirme-t-il, il y a d'immenses ouvertures par lesquelles on peut accéder à l'intérieur de la Terre Creuse.

Il estima que la croûte terrestre a une épaisseur de 1 300 kilomètres et que son intérieur a un diamètre de 10 000 kilomètres.

Il résume ainsi sa théorie révolutionnaire :

« La Terre est creuse. Les pôles, si longtemps cherchés, sont des fantômes. Il y a des ouvertures aux extrémités nord et sud. À l'intérieur, on trouve de vastes continents, des océans, des montagnes et des fleuves. Dans ce Nouveau Monde, il existe une vie végétale et animale et il est probablement peuplé par des races inconnues des habitants de la surface. »

Reed fait remarquer que la Terre n'est pas une vraie sphère, mais qu'elle est aplatie aux pôles, ou, plus précisément, qu'elle commence à s'aplatir lorsqu'on approche de ces points hypothétiques. Les pôles, en réalité, se trouvent entre ciel et terre, au centre des ouvertures polaires, et non à la surface, comme le supposaient ceux qui ont cru les découvrir. Reed affirme que l'on n'a pu découvrir ni le pôle nord ni le pôle sud pour la bonne raison que la Terre est creuse à ces endroits précis. Quand les explorateurs pensaient avoir atteint le pôle, ils avaient été trompés par le comportement fantaisiste de la boussole en hautes latitudes.

Quand on arrive à 70°-75° de latitude nord ou sud, la Terre commence à s'incurver vers l'intérieur. Le pôle est simplement la limite extérieure de l'ouverture polaire. On pensait autrefois que le nord magnétique était un point dans l'archipel arctique. Les explorateurs soviétiques ont démontré récemment que ce n'était pas un point, mais une ligne mesurant approximativement 1 600 kilomètres. Cependant, comme nous l'avons dit plus haut, nous pensons que cette ligne n'est pas droite mais circulaire et qu'elle délimite les bords de l'ouverture polaire. Quand un explorateur parvient à cet endroit, il a atteint le pôle nord magnétique, mais pas le pôle nord géographique.

La Terre tourne sur son axe dans un mouvement gyroscopique qui ressemble à celui d'une toupie. Le pôle gyroscopique externe peut être identifié au cercle magnétique dont nous venons de parler. Au-delà de ce cercle, la Terre s'aplatit et descend graduellement en pente douce vers l'intérieur. Le vrai pôle est au centre exact du cercle, en plein milieu de l'ouverture polaire.

Il fit une mise en garde en ces termes :

« Ce volume n'a pas été écrit en vue de divertir ceux qui le lisent. Ce n'est pas un roman mais un essai sérieux qui tend à prouver, dans la mesure du possible, certaines vérités importantes jusqu'ici dédaignées. J'y livre la clé de certains mystères. »

Marshall B. Gardner représente la Terre avec des ouvertures circulaires aux pôles ; l'eau de l'océan qui passe à travers ces ouvertures adhère à la croûte aussi bien au-dessous qu'au-dessus, étant donné que le centre de gravité de la Terre, suivant sa théorie, se situe en plein milieu de cette croûte et non au centre du globe. Pour cette raison, si un bateau franchissait le trou polaire et se dirigeait vers l'intérieur de la Terre, il continuerait à naviguer, dans une position renversée, sur la paroi interne de la croûte.

La force de gravité est plus forte sur la courbe qui va de l'extérieur vers l'intérieur de la Terre. Un homme de 75 kilogrammes en pèserait probablement 150 dans le trou polaire. Il conserverait ce poids tout au long de la courbe qui conduit à l'intérieur du globe. Mais une fois arrivé là, il y aurait des chances pour qu'il ne pèse plus que 40 kilogrammes. Cela s'explique par le fait qu'un corps à l'intérieur d'une boule creuse dotée d'un mouvement de rotation a besoin de moins de force pour se maintenir en équilibre que s'il se trouvait à l'extérieur, ce phénomène étant dû à la force centrifuge.

DES ICEBERGS D'EAU DOUCE

Comment expliquer que les icebergs soient formés d'eau douce et non d'eau salée ? Reed et Gardner pensent que cette eau douce provient des fleuves qui arrosent les régions chaudes de l'intérieur de la Terre. Quand ces fleuves atteignent la surface polaire, beaucoup plus froide, ils gèlent et se transforment en icebergs. Ces icebergs se brisent ensuite dans la mer, produisant d'étranges vagues de fond qui ont étonné bien des explorateurs arctiques.

Selon Reed et Gardner, l'ouverture polaire nord est plus grande que celle du sud. Ils prétendent que la température à l'intérieur de la Terre est plus constante qu'à l'extérieur. Elle est plus chaude en hiver et plus fraîche en été. Il pleut, mais la température n'est jamais assez froide pour qu'il neige. C'est un climat subtropical idéal, à l'abri de la chaleur étouffante et des vagues de froid.

UNE HISTOIRE DE MAMMOUTH

Durant les mois d'hiver, des millions de mètres cubes d'eau douce, en provenance des rivières intérieures de la Terre, coulent librement à travers les ouvertures polaires et viennent geler à leur embouchure pour former de véritables montagnes de glace. Quand arrive l'été, d'immenses icebergs, longs parfois de plusieurs kilomètres, se détachent de cette banquise et flottent à la surface des océans.

À l'intérieur de ces icebergs, on a découvert, en parfait état de conservation, des mammouths et autres animaux monstrueux que l'on croyait être d'origine préhistorique parce qu'on n'en voyait plus de semblables à la surface du globe. Certains d'entre eux avaient encore de l'herbe dans l'estomac et même dans la bouche, prouvant qu'ils avaient été saisis brutalement par un froid intense.»

Ces animaux viennent de la terre intérieure. Ce sont les mêmes animaux que l'amiral Byrd observa au cours de son vol au-delà du pôle. Ils sont transportés par des fleuves qui viennent de l'intérieur et là, surpris par le froid, ils sont frigorifiés et enfermés dans des blocs de glace.

DES PROBLÈMES INSOLITES

Un grand nombre d'explorateurs, après avoir atteint la ceinture de glace qui entoure le « trou » polaire, continuèrent droit vers le nord jusqu'à ce qu'ils eussent franchi cette barrière de glace. Beaucoup pénétrèrent dans l'ouverture conduisant à l'intérieur de la Terre mais sans le savoir et avec la conviction qu'ils étaient toujours à la surface. L'ouverture est en effet si grande, qu'on ne peut se rendre compte de la différence si ce n'est que le soleil se lève plus tard et se couche plus tôt, ses rayons étant en partie escamotés par les bords de l'ouverture. Cela fut remarqué par les explorateurs arctiques qui sont allé suffisamment loin vers le nord.

Chaque fois qu'ils pénétrèrent à l'intérieur de la Terre (sans le savoir), les explorateurs se trouvèrent aux prises avec des problèmes insolites qui les dépassaient complètement. L'aiguille de la boussole se mettait brusquement à la verticale. Plus ils avançaient vers le nord, plus il faisait chaud. La glace des régions arctiques disparaissait, la température devenait douce et agréable. Parfois, le vent soufflait une poussière difficilement supportable et certains durent même rebrousser chemin, incapables d'aller plus loin. D'où pouvait provenir cette poussière dans une région où, normalement, il n'y aurait dû y avoir que de la glace ? Reed et Gardner en attribuent l'origine à des volcans situés à l'intérieur de l'ouverture polaire.

Théodore Fitch a écrit un livre intitulé *Le Paradis à l'intérieur de la Terre*. Voici ce qu'il dit :

« Beaucoup d'explorateurs ont navigué plein nord et se sont retrouvés sur la courbe de l'ouverture polaire. Aucun d'entre eux n'a jamais su qu'il se déplaçait alors sur la paroi interne de la Terre. Pourtant, ces explorateurs durent faire face à des problèmes totalement opposés à ceux qu'ils s'attendaient à trouver. Le cap était au nord et les vents, curieusement, devenaient de plus en plus chauds. À part quelques fortes rafales qui charriaient des masses de poussière, la température était douce et agréable. Et la mer, malgré les icebergs, était largement navigable. Il y avait aussi des kilomètres et des kilomètres de bonne et solide terre. Plus on poussait vers le nord, plus on voyait d'herbe, de fleurs, de broussailles et d'arbres. Un explorateur nota que lui et ses compagnons avaient recueilli huit espèces de fleurs différentes. Un autre rapporta qu'il avait vu toutes sortes d'animaux habitués aux températures chaudes et des milliers d'oiseaux tropicaux... Tous ces voyageurs arctiques mettaient l'accent sur la beauté du paysage et sur l'infinie majesté de l'aurore boréale – cette aurore boréale qui est en réalité l'expression lumineuse du soleil central qui brille à l'intérieur de la Terre. »

Fitch émet l'idée que l'intérieur creux du globe devrait avoir des étendues de terre beaucoup plus importantes que celles qu'on trouve à la surface. 75% de cette surface que nous habitons est, en effet, couverte d'eau. Fitch prétend que les océans internes sont beaucoup plus petits que ceux de l'extérieur mais que, par contre, les étendues de terres sont trois fois plus grandes. Le climat y est meilleur et plus sain. Là, pas d'hivers froids, pas d'orages, de cyclones, de tremblements de terre, pas de radiations nocives... c'est le paradis !

À ceux qui ne croient pas que la Terre est creuse, Théodore Fitch soumet quelques questions qui méritent réflexion :

– Pouvez-vous produire la moindre preuve qu'un explorateur ait jamais atteint les prétendus pôles nord et sud ?

– Et si ces points n'existent pas SUR la Terre entre 83° et 90° de latitude, alors comment peut-on les atteindre ou les survoler ?

– Si la Terre n'est pas creuse, pourquoi le vent du nord devient-il de plus en plus chaud à mesure qu'on s'avance au-delà de 70° de latitude ?

– Pourquoi trouve-t-on une mer largement ouverte et navigable pendant des centaines de kilomètres au nord de 82° de latitude ?

– Une fois atteint ce 82e degré de latitude, pourquoi l'aiguille de la boussole s'affole-t-elle ?

– Si la Terre n'est pas creuse, comment expliquer alors que les vents chauds du nord, mentionnés plus haut, charrient plus de poussière qu'aucun autre vent de la Terre ?

– Si aucun fleuve ne coule de l'intérieur vers l'extérieur de notre globe, pourquoi tous les icebergs sont-ils composés d'eau douce ?

– Pourquoi trouve-t-on des graines tropicales, des plantes et des arbres flottant dans l'eau douce de ces icebergs ?

– Et si cette eau douce ne peut logiquement provenir d'aucun endroit SUR la Terre, alors par quel mystère se trouve-t-elle là ?

– Si la face interne de la Terre ne bénéficie pas d'un climat chaud, pourquoi rencontre-t-on, en plein hiver, dans l'extrême nord, des oiseaux tropicaux par milliers et des animaux qui ont besoin d'une température douce pour subsister ?

118

– Et d'où vient ce pollen qui colore parfois la neige en rouge, en jaune, ou en bleu ?

Maître *Omraam Mikhaël Aïvanhov* nous parle de l'organisation de la communauté installée dans la Terre Creuse suivant la Loi Synarchique. Voici un extrait de l'un de ses livres où il révèle la structure politique du gouvernement d'Agartha :

« Maintenant, de plus en plus, on commence à parler et à écrire sur l'Agartha, mais il y a des années, c'était une question peu connue... Mais c'est surtout le livre du marquis de Saint-Yves d'Alveydre, *La Mission de l'Inde*, qui apporte sur l'Agartha les plus grandes révélations.

Saint-Yves d'Alveydre était un écrivain, un érudit. Il possédait la faculté de se dédoubler et c'est ainsi qu'il révèle, dans cet ouvrage, qu'il a pu lui-même pénétrer en Agartha. Il donne des détails extraordinaires sur ce royaume souterrain, éclairé par une sorte de soleil intérieur et où, comme sur la Terre, poussent des arbres et des fleurs, où vivent des animaux et des hommes. Il parle de bibliothèques et d'archives qui s'étendent sur des kilomètres et qui contiennent toute l'histoire de l'humanité. Oui, des livres extraordinaires qui étaient écrits par de grands Initiés et qui contenaient de grands secrets; on les a ôtés des mains de l'humanité mais ils sont là, en Agartha et seuls ceux qui sont évolués ont le droit d'aller les lire.

Tout ce qui se passe dans le monde depuis son commencement est enregistré et conservé dans ces archives. Tout ce qui a disparu de la surface de la Terre et que l'on croit définitivement perdu, on le retrouve là-bas. Si vous voulez savoir comment étaient certains personnages historiques, c'est là que vous les trouverez. Et vous aussi, vous êtes là, en miniature. Car nous tous, nous existons sous la forme d'un double pour qu'on nous étudie. Il y a toujours en Agartha de petits reflets de tout ce qui se passe ici. Et les Agarthiens savent même qu'en cet instant, je suis en train de parler d'eux.

Certains, qui ont fait des recherches, pensent que les bohémiens, les tziganes, viennent de l'Agartha dont ils auraient été chassés et que c'est de là qu'ils ont rapporté les connaissances qu'ils ont du Tarot, par exemple, et qu'ils se transmettent de génération en génération. On pense aussi que les Agarthiens viennent de l'Atlantide et de la Lémurie. Avant que le continent se mette à sombrer – il y aurait quinze mille ans de cela d'après certaines recherches, – ils se seraient enfuis avec leurs engins extraordinaires pour se réfugier dans le centre de la Terre où ils ont créé des villes et se sont installés...

... L'Agartha est un royaume très sagement organisé, où des millions d'hommes vivent dans la prospérité, la paix et le bonheur, à l'abri des besoins, des maladies et même de la vieillesse. Saint-Yves d'Alveydre parle en détail de cette organisation. Au sommet règne une trinité d'êtres : Le Brahatma, le Mahatma et le Mahanga (qu'Ossendowski mentionne sous les noms de Brahytma, Mahytma et Mahynga). Au Brahatma est confiée l'Autorité, au Mahatma le Pouvoir et au Mahanga l'Organisation. Et comme l'Agartha possède une structure qui est le reflet de l'ordre cosmique, au-dessous de cette trinité supérieure il y a un groupe de douze personnes, à l'image du Zodiaque ; puis un groupe de vingt-deux, à l'image des vingt-deux principes du Verbe à l'aide desquels Dieu a créé le monde ; puis trois cent soixante cinq, comme les trois cent soixante cinq jours de l'année, etc. » ...

« L'amiral Richard Evelyn Byrd »

LE JOURNAL SECRET DE L'AMIRAL RICHARD EVELYN BYRD

Voici l'extraordinaire découverte intra-terrestre de l'amiral Byrd en février 1947 :

(Journal secret de l'amiral Byrd, traduit de l'anglais par *Joël Labruyère* dans le journal *Undercover* no 2.)

Je dois rédiger ce journal dans le secret le plus total. Cela concerne le vol que j'ai effectué au-dessus de l'Arctique le 19 février de l'année 1947. Il arrive un moment où la raison de l'homme s'effondre dans son insignifiance et où l'on doit accepter l'évidence de la Vérité. Je ne suis pas libre de révéler les faits contenus dans ce document... et cela ne sera peut-être jamais porté à la connaissance du public, mais je dois faire mon devoir et consigner ces faits pour que tous puissent les lire un jour. Dans un monde de cupidité et d'exploitation, certains ne pourront pas toujours étouffer ce qui est vrai.

Départ du camp de base de l'Arctique, le 19 février 1947.

06 H 10 – Nous avons décollé avec les réservoirs pleins en direction du Nord.

07 H 30 – Vérification du contact radio avec le camp de base. Tout va bien et la réception est normale.

08 H 00 – On constate une légère turbulence en direction de l'est à 2 300 pieds d'altitude. La turbulence disparaît à 1 700 pieds, mais la pointe de vent augmente. Un léger réglage des gaz et l'avion est maintenant performant.

08 H 15 – Vérification avec la base. Situation normale.

09 H 00 – Vaste surface de glace et de neige au-dessous. On note une coloration jaunâtre du paysage formant un motif linéaire. Meilleure observation de cette surface au-dessous. On note une coloration rougeâtre ou violacée. Nous faisons deux fois le tour de cette surface pour en mesurer l'étendue. Nouvelle vérification avec la base et communication de l'information sur la coloration de la glace et de la neige au-dessous.

09 H 10 – La boussole magnétique et le gyroscope commencent à osciller. Nous ne pouvons plus contrôler notre direction à l'aide de nos instruments de bord. Cependant, en nous servant de la boussole solaire, tout semble aller mieux. Les commandes sont lentes à répondre et semblent engourdies, mais il n'y a aucune indication que l'appareillage semble gelé.

09 H 15 – Au loin, on distingue ce qui semble être des montagnes.

09 H 49 – 29 minutes de vol se sont écoulées depuis la première apparition de ces montagnes. Ce n'est pas une illusion. C'est bien une petite chaîne de monts comme je n'en ai jamais vue.

09 H 55 – L'altitude s'élève à 2 950 pieds et il y a une forte turbulence à nouveau.

10 H 00 – Nous traversons la petite chaîne montagneuse en continuant à maintenir le cap vers le nord pour autant que nous soyons sûrs de la direction. Par delà la chaîne, il ap-

paraît ce qui semble être une vallée avec une petite rivière ou un courant qui coule au milieu. Pourtant, il ne devrait pas y avoir de vallée verdoyante au-dessous de nous ! Il y a quelque chose d'absolument anormal ici ! Nous devrions être au-dessus de la glace et de la neige ! Par la lucarne, on voit de vastes forêts qui s'étendent sur les pentes des monts. Nos instruments de navigation continuent à tournoyer. Le gyroscope oscille d'avant en arrière.

10 H 05 – Je baisse l'altitude jusqu'à 1 400 pieds et j'exécute un virage serré pour mieux examiner la vallée au-dessous. Elle est verte, recouverte de mousse ou d'un revêtement d'herbe rase. La lumière semble différente. Le soleil n'est plus visible. Nous faisons un autre tour et repérons ce qui a tout l'air d'être un gros animal au-dessous de nous. Il ressemble à un éléphant ! Non ! Il a plutôt l'air d'un mammouth ! Invraisemblable ! Cependant, c'est vrai ! Je réduis l'altitude à 1 000 pieds et saisis des jumelles pour mieux examiner l'animal – quel animal ! Il faut communiquer cela à la base.

10 H 30 – Nous rencontrons de plus en plus de collines verdoyantes à présent. La température extérieure indique 74 degrés Fahrenheit ! Nous continuons à avancer droit devant. Les instruments de navigation paraissent normaux maintenant. Je suis déconcerté par leur fonctionnement. Nous tentons de contacter la base, mais la radio ne fonctionne plus !

11 H 30 – Le paysage paraît tout à fait plat et normal (si je peux m'exprimer ainsi). Devant nous, on aperçoit ce qui ressemble à une ville !!! Mais c'est impossible ! L'avion est devenu léger et flotte bizarrement. Les commandes refusent de répondre ! Mon Dieu ! À une légère distance, il y a un étrange appareil volant. Il arrive à nos côtés rapidement ! L'engin a la forme d'un disque et présente un aspect lumineux rayonnant. Il est assez proche pour qu'on aperçoive les signes peints sur l'appareil. Il y a comme une sorte de

Swastika ! c'est incroyable ! où sommes nous donc ! qu'est-il arrivé ? J'actionne les commandes à nouveau. Elles ne répondent plus ? Nous sommes pris dans une pince invisible d'une nature inconnue !

11 H 35 – Notre radio crépite et une voix nous parvient dans un anglais à l'accent nordique ou peut-être germanique ! Le message est : « Bienvenue, dans notre domaine, amiral. Nous vous ferons atterrir dans exactement sept minutes ! Restez calme, amiral. Vous êtes entre des mains amies. » Je remarque que les moteurs de notre avion ont cessé de tourner ! L'appareil est placé sous un étrange contrôle et il fonctionne tout seul. Les commandes sont devenues inutiles.

11 H 40 – Nous recevons un autre message radio. Le processus d'atterrissage a commencé et, par moments, l'avion vibre doucement. Il commence à descendre, comme s'il était emporté par un grand élévateur invisible ! Le moment de descendre est imperceptible et nous touchons le sol avec seulement une légère secousse.

11 H 45 – Pendant que je m'élance à travers le poste de pilotage, plusieurs hommes s'approchent à pieds autour de notre avion. Ils sont grands de taille, avec des cheveux blonds. Au loin, on aperçoit une grande ville chatoyante des nuances de l'arc-en-ciel. Je me demande ce qui va arriver maintenant, mais je n'entrevois aucune arme sur les hommes qui s'approchent de nous. J'entends à présent une voix qui me demande en m'appelant par mon nom d'ouvrir la porte de la soute. J'obéis.

Fin du journal.

L'ACCUEIL EN AGARTHA

À partir de ce moment, j'ai raconté les évènements de mémoire. Ils défient l'imagination et pourraient être pris pour de la démence, s'ils n'étaient pas réellement arrivés. L'opérateur radio et moi-même sommes sortis de l'avion et nous avons été accueillis d'une manière très cordiale. Nous fûmes transportés sur une petite plate-forme de transport sans roues ! Elle se déplaçait à travers la ville lumineuse avec une grande rapidité. Comme nous en approchions, la ville semblait faite de matière cristalline. Bientôt, nous arrivâmes devant un grand bâtiment d'un style fantastique, comme je n'en ai jamais vu. On nous offrit une boisson chaude qui n'avait le goût de rien de ce que j'ai pu savourer jusqu'ici. Elle était délicieuse. Au bout d'une dizaine de minutes, deux de nos hôtes étranges sont revenus vers nous pour m'annoncer que je devais les accompagner. Je n'avais d'autre choix que de me soumettre. J'ai quitté mon opérateur radio et j'ai marché sur une courte distance avant de pénétrer dans ce qui ressemblait à un ascenseur. Nous descendîmes pendant un moment puis l'appareil s'arrêta et les portes s'ouvrirent silencieusement. Nous avons alors suivi un long couloir éclairé d'une lumière rosée qui semblait émaner des murs. L'un des êtres me demanda de m'arrêter devant une large porte sur laquelle il y avait une inscription que je ne savais pas lire. L'un des hôtes me dit : « N'ayez crainte amiral, vous allez être reçu par le Maître... »

Je suis entré et mes yeux furent d'abord frappés par la merveilleuse lueur qui semblait remplir la pièce complètement. J'ai commencé alors à voir ce qui m'entourait. Il s'offrit à ma vue la plus belle apparition de ma vie. C'est trop merveilleux pour être décrit. C'était exquis et délicat. Je ne crois pas qu'il existe des mots humains pour décrire cela avec exactitude ! Mes pensées furent interrompues par une voix chaude et mélodieuse : « Je vous souhaite la bienvenue dans notre domaine, amiral. » J'ai vu alors un homme d'apparence agréable, mais qui avait l'empreinte des années gravée sur son visage. Il était assis au bout d'une longue table et m'invita à m'asseoir dans un des fauteuils. Lorsque je fus installé, il croisa les doigts et sourit. Il me parla à nouveau avec douceur.

« Nous vous avons laissé pénétrer ici car vous êtes d'un caractère noble et vous êtes respecté à la surface de la Terre, amiral. Oui », reprit le Maître avec un sourire, « vous êtes dans le domaine des Ariani, le monde intérieur de la Terre. Nous ne retarderons pas longtemps votre mission et vous serez escorté en toute sécurité vers la surface à une bonne distance d'ici. Mais à présent, amiral, je voudrais vous dire pourquoi vous avez été conduit ici. À juste titre, notre attention a été alertée après que votre race ait fait exploser les premières bombes atomiques sur Hiroshima et Nagasaki au Japon. Ce fut lors de cette alerte que nous avons envoyé nos engins volants, les "Flugelrads", à la surface de la Terre pour enquêter sur ce que votre race avait fait. Bien entendu, ce qui est fait est fait, mon cher amiral. Voyez-vous, nous n'avons jamais interféré auparavant dans les guerres de votre race, ni dans sa barbarie, mais à présent, nous le devons, car vous avez appris à altérer une énergie qui n'est pas pour les hommes, en l'occurrence, l'énergie atomique. Nos émissaires ont déjà communiqué des messages aux autorités de votre monde, mais cependant, ils n'ont pas tenu compte de nos conseils. À présent, vous avez été choisi pour être le témoin que notre monde existe. Voyez-vous, notre culture et notre science ont plusieurs milliers d'années d'avance sur celle de votre race, amiral. » Je l'ai interrompu : « Mais, qu'est-ce que cela a à voir avec ma personne, Monsieur ? » Le regard du Maître semblait pénétrer à l'intérieur de mon esprit et après m'avoir sondé pendant quelques minutes, il ajouta : « Votre race a atteint désormais un point de non-retour, car il y en a parmi vous qui préféreraient détruire leur monde plutôt que de renoncer au pouvoir qu'ils croient détenir. …» J'en convins, et le Maître continua : « En 1945 et par la suite, nous avons essayé de contacter votre race, mais nos efforts rencontrèrent des hostilités et nos Flugelrads furent même pris pour cible. Oui ils furent pourchassés avec perfidie par vos avions de combat. Aussi, à présent, je vous le dis, mon fils, il y a une grande tempête qui se lève sur votre monde, une fureur noire qui ne s'éteindra pas avant longtemps. Il n'y aura aucune solution par les armes et votre science n'apportera aucune sécurité. Cela pourra s'enflammer jusqu'à ce que la moindre fleur de votre civilisation soit piétinée et que tout élément d'humanité soit détruit dans un immense cahot. Votre guerre récente – La seconde guerre mondiale – ne fut que le prélude de ce qui attend votre race. Ici, nous le voyons clairement d'heure en heure… Pensez-vous que je me trompe ? » « Non », ai-je répondu. « Cela est déjà arrivé, l'âge noir est venu. Oui, mon fils », reprit le Maître, « l'âge noir qui va venir maintenant pour votre race recouvrira la Terre entière comme un linceul, mais certains parmi les membres de votre race survivront au milieu de la tempête. Dans le futur, nous pouvons voir un nouveau monde émergeant des ruines de votre race recherchant ses trésors légendaires perdus, mais ils seront ici mon fils, en sécurité sous notre garde. Lorsque ce temps arrivera, nous nous précipiterons à nouveau pour aider à faire renaître votre civilisation et votre race. Peut-être, à ce moment-là, aurez-vous enfin conscience de la futilité de la guerre et du conflit… et après ce temps-là, les éléments de votre culture et de votre science reviendront à votre race pour qu'elle prenne un nouveau départ. Mon fils, vous allez retourner à la surface de la terre avec ce message. »

Avec ces paroles de conclusion, notre entretien semblait toucher à sa fin. Je restai un instant suspendu, comme plongé dans un rêve… mais, cependant, je savais que c'était la réalité et, pour une raison qui m'échappe, je m'inclinai légèrement, par marque de respect ou d'humilité, je ne sais pas exactement. Soudain, je repris conscience de la présence à mes côtés des deux merveilleux êtres qui m'avaient conduit ici. « Par ici, amiral, » me fit signe l'un d'eux. Je me retournai une dernière fois vers le Maître avant de partir. Un sourire amical ornait son vénérable visage. « Au revoir, mon fils, » me dit-il, tout en me faisant un signe de paix affectueux de la main. Notre entretien était fini.

Rapidement, nous sortîmes par la grande porte de la chambre du Maître et entrâmes dans l'ascenseur. La porte se referma doucement et nous étions déjà en train de remonter. Un des hôtes dit : « Amiral, comme le Maître le souhaite, nous allons vous replacer immédiatement dans votre plan de mission et vous devrez retourner vers votre race avec son message. » Je ne répondis rien. Tout cela était presque impensable et ma réflexion fut interrompue au moment où j'entrai dans la pièce où m'attendait mon opérateur radio. Il avait une expression d'anxiété sur le visage. En m'approchant, je lui dis : « Tout va bien, Howie, tout va bien. » Les deux êtres nous dirigèrent vers la borne de transport. Nous prîmes place et, en peu de temps, nous étions de retour à notre avion. Les moteurs tournaient au ralenti et nous montâmes à bord aussitôt. À présent, l'atmosphère semblait chargée d'une sorte d'urgence. Après que le vantail du cargo fut fermé, l'avion fut immédiatement soulevé jusqu'à l'altitude de 2 700 pieds par un courant invisible. Deux appareils volaient à nos côtés et ils nous guidèrent un moment sur la voie du retour. Je dois mentionner que le cadran d'accélération n'enregistrait aucune vitesse alors que nous volions à très grande allure.

02 H 15 – Un message radio nous parvint. « Nous nous séparons maintenant, amiral, les commandes sont à vous. Auf Wiedersehen !!! » Nous avons regardé un moment les Fugelrads alors qu'ils disparaissaient dans le ciel bleu pâle. Soudain, l'avion se comporta comme s'il était aspiré par un fort courant descendant. Mais nous avons rapidement pris

le contrôle. Nous ne parlions pas car chacun était dans ses pensées...

02 H 20 – Nous survolons à nouveau de vastes étendues de glace et de neige et nous sommes approximativement à 27 minutes de notre camp de base. Nous les avons contactés par radio et ils nous ont répondu. Nous leur avons signalé que tout était normal... normal. La base était rassurée du rétablissement du contact.

03 H 00 – Nous atterrissons doucement au camp de base.

J'ai une mission...Top secret et fin.

11 Mars 1947 – Je viens juste d'assister à une réunion de l'état-major au Pentagone. J'ai exposé dans les détails ma découverte et le message du Maître. Tout est consigné en bonne et due forme. Le président a été averti. Je suis à présent retenu pendant six heures. Je suis interrogé méticuleusement par le commandement des forces de sécurité et une équipe médicale. C'est une épreuve. Je suis placé sous le contrôle strict du service de la sécurité nationale des États-Unis d'Amérique. On m'a ordonné de garder le silence sur tout ce que je savais et ce au nom de l'humanité. Incroyable ! Je sais que je suis un soldat et je dois obéir aux ordres.

Note : L'amiral *Richard Evelyn Byrd* a été nommé Chevalier de l'Ordre de La Fayette et de la Croix du Mérite, secrétaire perpétuel de l'Académie de la Marine et des Sciences.

AUTRE CONFIRMATION DE LA DÉCOUVERTE DE L'AMIRAL RICHARD EVELYN BYRD

Révélation d'un docteur du nom de *Nephi Cottom*, de Los Angeles

Le Géophysicien américain *Raymond Bernard* publia, en 1969, un ouvrage intitulé *The Hollow Earth* où il soutient la thèse de la Terre Creuse. Ce livre fut, à plusieurs reprises, mystérieusement retiré des réseaux de distribution mondiaux. Bernard appuit son argumentation sur le recoupement des témoignages scientifiques de *William Reed, Marshall B. Gardner, Ray Palmer*, l'amiral *Richard Evelyn Byrd* et de beaucoup d'autres. Il révèle ce qu'un certain docteur du nom de *Nephi Cottom*, de Los Angeles, rapporta d'un de ses patients, un homme d'origine nordique, qui vécut une expérience identique à celle d'Olaf Jensen et de son père, que nous vous présentons dans cet ouvrage.

« J'habitais près du cercle arctique, en Norvège. Un été, je décidai avec un ami de faire un voyage en bateau et d'aller aussi loin que possible dans le nord. Nous fîmes donc provision de nourriture pour un mois et prîmes la mer. Nous avions un petit bateau de pêche muni d'une voile mais aussi d'un bon moteur.

Au bout d'un mois, nous avions pénétré très avant dans le nord et nous avions atteint un étrange pays qui nous surprenait par sa température. Parfois, il faisait si chaud la nuit que nous n'arrivions pas à dormir.

(Les explorateurs arctiques qui se sont enfoncés dans les régions polaires ont fait de semblables observations sur ces hausses de température qui parfois les poussaient à ôter leurs lourds vêtements chauds. – L'AUTEUR.)

Nous vîmes plus tard quelque chose de si étrange que nous en restâmes muets de stupeur. En pleine mer, devant nous, se dressait soudain une sorte de grande montagne dans laquelle, à un certain endroit, l'océan semblait se déverser ! Intrigués, nous continuâmes dans cette direction et nous nous trouvâmes bientôt en train de naviguer dans un vaste canyon qui conduisait au centre du globe. Nous n'étions pas au bout de nos surprises. Nous nous rendîmes compte un peu plus tard qu'un soleil brillait à l'intérieur de la Terre !

L'océan qui nous avait transportés au creux de la Terre se rétrécissait, devenait graduellement un fleuve. Et ce fleuve, comme nous l'apprîmes plus tard, traversait la surface interne du globe d'un bout à l'autre, de telle sorte que si on en suivait le cours jusqu'à son terme, on pouvait atteindre le pôle sud.

Comme nous le constatâmes, la surface interne de notre planète comprenait des étendues de terre et d'eau, exactement comme la surface externe. Le soleil y était éclatant et la vie animale et végétale s'y développait abondamment.

Au fur et à mesure que nous avancions, nous découvrions un paysage fantastique. Fantastique parce que chaque chose prenait des proportions gigantesques, les plantes, les arbres... et aussi les êtres humains. Oui, les êtres humains ! Car nous en rencontrâmes et c'étaient des GÉANTS.

Ils habitaient des maisons et vivaient dans des villes semblables à celles que nous avons à la surface, mais de taille plus grande. Ils utilisaient un mode de transport électrique, une sorte de monorail qui suivait le bord du fleuve d'une ville à l'autre.

Certains d'entre eux aperçurent notre bateau sur le fleuve et furent très étonnés. Ils nous accueillirent amicalement, nous invitèrent à déjeuner chez eux. Mon compagnon alla dans une maison, moi dans une autre.

J'étais complètement désemparé en voyant la taille énorme de tous les objets. La table était colossale. On me donna une assiette immense et la portion qu'elle contenait aurait pu me nourrir une semaine entière ! Le géant m'offrit au dessert une grappe de raisin et chaque grain était aussi gros qu'une pêche. Le goût en était délicieux. À l'intérieur de la Terre, les fruits et les légumes ont une saveur délicate, un parfum subtil. Rien de comparable avec ceux de "l'extérieur".

Nous demeurâmes chez les géants pendant une année, goûtant leur compagnie autant qu'ils appréciaient la nôtre. Nous observâmes au cours de ce séjour un certain nombre de choses aussi étranges qu'inhabituelles, toujours étonnés par l'ampleur des connaissances scientifiques dont faisaient preuve ces gens.

Durant tout ce temps, ils n'affichèrent jamais la moindre hostilité envers nous et ils ne firent aucune objection quand nous décidâmes de repartir chez nous. Au contraire, ils nous offrirent même courtoisement leur protection au cas où nous en aurions eu besoin pour le voyage de retour. »

Ce récit du docteur Nephi Cottom, celui de l'amiral Byrd et celui d'Olaf Jansen se recoupent fort bien quant à la taille gigantesque des êtres humains, des animaux, des arbres, des fruits qu'ils ont trouvés, alors que ces hommes sont tout à fait indépendants l'un de l'autre...

En 1960, un journal de Toronto, le *Globe and Mail*, publia une photo d'une vallée verdoyante, prise par un aviateur dans la région arctique. Évidemment, l'aviateur avait pris le cliché en vol et n'avait pas cherché à atterrir. C'était une belle vallée avec des collines vertes, appartenant certainement à ce même territoire que Byrd avait visité au-delà du pôle.

L'Alaska et le Canada ont fourni ces derniers temps un grand nombre de témoignages de gens ayant aperçu des soucoupes volantes. Y a-t-il un rapport avec la « Terre au-delà du pôle », ce territoire inconnu situé à l'intérieur de notre globe ?

Nous pensons que si les soucoupes volantes sortent de l'intérieur de la Terre et y retournent en passant par les ouvertures polaires, il est logique qu'elles soient aperçues d'une manière beaucoup plus fréquente par les habitants de l'Alaska et du Canada, ces pays étant évidemment très proches du pôle.

C'est par les ouvertures polaires qu'on peut avoir accès au monde intérieur de la Terre, c'est donc par là que passent les soucoupes volantes.

En février 1947, à l'époque où l'amiral Byrd accomplissait son vol mémorable au-delà du pôle nord, le capitaine *David Bunger* fit une importante découverte dans l'Antarctique, celle de « l'Oasis de Bunger ».

Il était aux commandes d'un des six grands appareils de transport utilisés par la marine américaine pour « l'Opération High-Jump » (1946-1947). Il volait vers l'intérieur du continent antarctique, lorsqu'à environ 6 kilomètres du littoral, il aperçut une région sans glace, avec des lacs qui étaient de différentes couleurs, allant du rouge sombre au bleu profond, en passant par toutes les gammes de vert. Ils avaient tous plus de 4 kilomètres de longueur. En posant son hydravion sur l'un de ces lacs, Bunger put vérifier que l'eau y était plus chaude que dans l'océan.

L'oasis avait grossièrement la forme d'un carré. Au-delà, c'était une étendue sans fin de neiges éternelles et de glace. Deux des côtés de l'oasis se dressaient à près de trente mètres de hauteur et étaient constitués de grands murs de glace. Les deux autres côtés étaient moins abrupts.

Certains experts pensent que l'Antarctique sert de base d'atterrissage aux soucoupes volantes.

« Docteur Ferdinand Ossendowski »

LA TERRE INTÉRIEURE ET LE ROI DU MONDE

Voici quelques passages du passionnant ouvrage *Bêtes, Hommes et Dieux*, du docteur *Ferdinand Ossendowski*. Remarquez qu'il écrit « Agharti » plutôt qu'« Agartha », comme nous retrouvons dans la plupart des écrits sur la Terre Creuse.

« – Arrêtez ! murmura mon guide mongol un jour que nous traversions la plaine près de Tzagan Luk. Arrêtez !

Il se laissa glisser du haut de son chameau qui se coucha sans qu'il eût besoin de lui en donner l'ordre.

Le Mongol éleva ses mains devant son visage en un geste de prière et commença à répéter la phrase sacrée : « Om Mani Padme Hung ! »

Les autres Mongols aussitôt arrêtèrent leurs chameaux et commencèrent à prier...

– Avez-vous vu, me demanda le Mongol, comme nos chameaux remuaient les oreilles de frayeur, comme le troupeau de chevaux sur la plaine restait immobile et attentif et comme les moutons et le bétail se couchaient sur le sol ? Avez-vous remarqué que les oiseaux cessaient de voler, les marmottes de courir et les chiens d'aboyer ? L'air vibrait doucement et apportait de loin la musique d'un chant qui pénétrait jusqu'au cœur des hommes, des bêtes et des oiseaux. La terre et le ciel retenaient leur haleine. Le vent cessait de souffler; le soleil s'arrêtait dans sa course. En un moment comme celui-ci, le loup qui s'approche des moutons à la dérobée fait halte dans sa marche sournoise; le troupeau d'antilopes apeurées retient son élan éperdu; le couteau du berger prêt à couper la gorge du mouton lui tombe des mains; l'hermine rapace cesse de ramper derrière la perdrix salga sans méfiance. Tous les êtres vivants pris de peur, involontairement tombent en prières, attendant leur destin. C'était ce qui se passait maintenant. C'était ce qui se passait toutes les fois que le Roi du Monde, en son palais souterrain, priait, cherchant la destinée des peuples de la terre.

Ainsi parla le vieux mongol, simple berger sans culture.

C'est pendant mon voyage en Asie centrale que je connus pour la première fois le mystère des mystères, que je ne puis appeler autrement...

Les vieillard des rives de l'Amyl me racontèrent une ancienne légende selon laquelle une tribu mongole, en cherchant à échapper aux exigences de Gengis Khan, se cacha dans une contrée souterraine. Plus tard, un Soyote des environs du lac de Nogan Kul me montra, dégageant un nuage de fumée, la porte qui sert d'entrée au royaume d'Agharti. C'est par cette porte qu'un chasseur, autrefois, pénétra dans le royaume et, après son retour, il commença à raconter ce qu'il avait vu. Les lamas lui coupèrent la langue pour l'empêcher de parler du mystère des mystères. Dans sa vieillesse, il revint à l'entrée de la caverne et disparut dans le royaume souterrain dont le souvenir avait orné et réjoui son cœur de nomade.

Le lama Gélong, favori du prince Choultoun-Beyli et le prince lui-même, me firent description du royaume souterrain.

– Dans notre univers, dit-il, tout est constamment en état de transition et de changement, les peuples, les religions, les lois et les coutumes. Combien de grands empires et de brillantes cultures ont péri ! Et cela seul qui reste inchangé, c'est le mal, l'instrument des mauvais esprits. Il y a plus de six milles ans, un saint homme disparut avec toute une tribu dans l'intérieur du sol et n'a jamais reparu à la surface de la terre. Beaucoup de gens cependant ont depuis visité ce royaume, Çakya Mouni, Undur-Gheghen, Paspa, Baber et d'autres. Nul ne sait où se trouve cet endroit. L'un dit l'Afghanistan, d'autres disent l'Inde. Tous les hommes de cette religion sont protégés contre le mal et le crime n'existe pas à l'intérieur de ses frontières. La science s'y est développée dans la tranquillité; rien n'y est menacé de destruction. Le peuple souterrain a atteint le plus haut savoir. Maintenant, c'est un grand royaume comptant des millions de sujets sur lesquels règne le Roi du Monde. Il connaît toutes les forces de la nature, lit dans toutes les âmes humaines et dans le grand livre de la destinée. Invisible, il règne sur huit cents millions d'hommes qui sont prêts à exécuter ses ordres.

Le prince Choultoun-Beyli ajouta :

– Ce royaume est Agharti. Il s'étend à travers tous les passages souterrains du monde entier. J'ai entendu un savant lama chinois dire au Bogdo Khan que toutes les cavernes souterraines de L'Amérique sont habitées par le peuple ancien qui disparut sous terre. On retrouve encore de leurs traces à la surface du pays. Ces peuples et ces espaces souterrains sont gouvernés par des peuples qui reconnaissent la souveraineté du Roi du Monde...

... Les cavernes profondes sont éclairées d'une lumière particulière qui permet la croissance des céréales et des végétaux et donne au peuple une longue vie sans maladie. Là existent de nombreux peuples, de nombreuses tribus. Un vieux brahmane bouddhiste du Népal accomplissait la volonté des dieux en faisant une visite à l'ancien royaume de Gengis, le Siam, quand il rencontra un pêcheur qui lui ordonna de prendre place dans sa barque et de voguer avec lui sur la mer. Le troisième jour, ils atteignirent une île où vivait une race d'hommes ayant deux langues, qui pouvaient parler séparément des langages différents. Ils lui montrèrent des animaux curieux, des tortues ayant seize pattes et un seul œil, d'énormes serpents dont la chair était savoureuse, des oiseaux ayant des dents qui attrapaient des poissons pour leurs maîtres en mer. Ces gens lui dirent qu'ils étaient venus du royaume souterrain et lui décrivirent certaines régions.

Le lama Turgut qui fit le voyage d'Ourga à Pékin avec moi me donna d'autres détails :

–La capitale d'Agharti est entourée de villes où habitent les grands prêtres et des savants. Elles rappellent Lhassa où le palais du Dalaï Lama, le Potala, se trouve au sommet d'une montagne recouverte de temples et de monastères. Le trône du Roi du Monde est entouré de deux millions de dieux incarnés. Ce sont des saints panditas. Le palais lui-même est entouré des palais des Goros qui possèdent toutes les forces visibles et invisibles de la terre, de l'enfer et du ciel et qui peuvent tout faire pour la vie et la mort des hommes. Si notre folle humanité commençait contre eux la guerre, ils seraient capables de faire sauter la surface de notre planète et de la transformer en désert. Ils peuvent dessécher les mers, changer les continents en océans et répandre les montagnes parmi les sables du désert. À leur commandement, les arbres, les herbes et les buissons se mettent à pousser; des hommes vieux et faibles deviennent jeunes et vigoureux et les morts ressuscitent. Dans d'étranges chariots, inconnus de nous, ils franchissent à toute vitesse les étroits couloirs à l'intérieur de notre planète...

En parlant du Roi du Monde, un vieux lama me dit : "Il n'est pas juste que le bouddhisme et que notre religion jaune le câchent. La reconnaissance de l'existence du plus saint et du plus puissant des hommes, du royaume bienheureux, du grand temple de la science sacrée est une telle consolation pour nos cœurs de pécheurs et nos vies corrompues que le cacher à l'humanité serait un péché.

Eh bien, écoutez ! ajouta-t-il, toute l'année, le Roi du Monde guide la tâche des panditas et des goros d'Agharti. Seulement, par moments, il se rend dans la caverne du temple où repose le corps embaumé de son prédécesseur dans un cercueil de pierre noire. Cette caverne est toujours sombre mais quand le Roi du Monde y pénètre, les murs sont rayés de feu et du couvercle du cercueil montent des langues de flammes. Le doyen des goros se tient devant lui la tête et le visage recouverts, les mains jointes sur sa poitrine. Le goro n'enlève jamais le voile de son visage, car sa tête est un crâne nu, avec des yeux vivants et une langue qui parle...

Le Roi du Monde parle longtemps, puis s'approche du cercueil en étendant la main. Les flammes brillent plus éclatantes ; les raies de feu sur les murs s'éteignent et reparaissent, s'entrelacent, formant des signes mystérieux de l'alphabet vatannan. Du cercueil commencent à sortir des banderoles transparentes de lumière à peine visibles. Ce sont les pensées de son prédécesseur. Bientôt, le Roi du Monde est entouré d'une auréole de cette lumière et les lettres de feu écrivent, écrivent sans cesse sur les parois les désirs et les ordres de Dieu. À ce moment, le Roi du Monde est en rapport avec les pensées de tous ceux qui dirigent la destiné de l'humanité : les rois, les tsars, les khans, les chefs guerriers, les grands prêtres, les savants, les hommes puissants. Il connaît leurs intentions et leurs idées. Si elles plaisent à Dieu, Le Roi du Monde les favorisera de son aide invisible ; si elles déplaisent à Dieu, le Roi du Monde provoquera leur échec. Ce pouvoir est donné à Agharti par la science mystérieuse d'OM, mot par lequel nous commençons toutes nos prières. OM est le nom d'un ancien saint, le premier des goros, qui vécut il y a trois cents milles ans. Il fut le premier homme à connaître Dieu, le premier qui enseigna à l'humanité à croire, à espérer, à lutter avec le mal. Alors Dieu lui donna tout pouvoir sur les forces qui gouvernent le monde visible."

"Quelqu'un a-t-il vu le Roi du monde ?" questionnai-je.

"Oui, répondit le lama. Pendant les fêtes solennelles de l'ancien bouddhisme au Siam et aux Indes, le Roi du Monde apparut cinq fois. Il était sur un char magnifique traîné par des éléphants blancs, orné d'or, de pierres précieuses et des plus fines étoffes. Il était vêtu d'un manteau blanc et portait sur la tête une tiare rouge d'où pendaient des rivières de diamants qui lui masquaient le visage. Il bénissait le peuple avec une pomme d'or surmontée d'un agneau. Les aveugles retrouvèrent la vue, les sourds entendirent, les infirmes recommencèrent à marcher et les morts se dressèrent dans leurs tombeaux partout où se posèrent les yeux du Roi du Monde."

"Combien y a-t-il de personnes qui sont allées à Agharti ?" demandai-je.

"Un grand nombre, répondit le lama, mais tous ces hommes ont tenu secret ce qu'ils ont vu...

... Plusieurs fois, les pontifes d'Ourga et de Lhassa ont envoyé des ambassadeurs auprès du Roi du Monde, mais il leur fut impossible de le découvrir. Seul un certain chef tibétain, après une bataille avec les Olets, trouva la caverne portant l'inscription 'Cette porte conduit à Agharti'. De la caverne sortit un homme de belle apparence, qui lui présenta une tablette d'or portant des signes mystérieux, en lui disant : 'Le Roi du Monde apparaîtra devant tous les hommes quand le temps sera venu pour lui de conduire tous les bons dans la guerre contre les méchants. Mais ce temps n'est pas encore venu. Les plus mauvais de l'humanité ne sont pas encore nés.' " »

LE MAHA CHOHAN RÉPOND AUX QUESTIONS D'UN JOURNALISTE FRANÇAIS AU SUJET DE L'AGARTHA

Journal : Avez-vous une parenté avec le Koot Hoomi qui, au siècle dernier, fonda la Société Théosophique ?

Maha Chohan : Je suis lui-même dans une nouvelle incarnation...

Journal : Qui vous a décerné le titre de Maha Chohan ?

Maha Chohan : Le Grand Conseil de l'Agartha réuni en congrès : c'est-à-dire l'ensemble des Sages et des grands Instructeurs dont le siège central est seulement au Tibet. Mais les Sages habitent le monde entier. Il y en a à à Paris et l'Europe compte environ 4 000 initiés à divers degrés. En Amérique, il y en a beaucoup plus. Il y a trois occidentaux actuellement dans l'Agartha, dont un Français...

Journal : Qui fonda l'Agartha ?

Maha Chohan : C'est très vieux. Pratiquement son origine remonte à 56 000 ans, mais il faut savoir que jadis, les années étaient beaucoup plus longues que maintenant.

Journal : Existe-t-il un royaume souterrain au Tibet ? La description de ce royaume, faite par Ossendowski, est-elle exacte ?

Maha Chohan : Il existe véritablement un royaume souterrain au Tibet. Presque tous les monastères sont reliés par d'immenses galeries qui, parfois, atteignent 800 km de longueur. Dans ces galeries sont des cavernes si grandes que Notre-Dame de Paris y logerait à l'aise.

Journal : Cela se situe entre le Tibet du nord et la Mongolie ?

Maha Chohan : Oui, des êtres humains y habitent et aussi des Jinas, êtres doués d'une grande intelligence, mais qui n'ont pas de corps physique.

Les Jinas habitent les entrailles de la Terre et ne remontent jamais à la surface du globe. Ils sont armés de longues griffes et pourvus d'ailes analogues à celles des chauves-souris.

Ce sont des esprits mauvais, mais moins mauvais cependant que les hommes, car il n'y a pas pire qu'eux.

Ils deviendront plus tard des hommes en évoluant : ce sont les gnomes, les sylphes et les lutins de vos légendes.

Journal : Existe-t-il une civilisation inconnue dans le royaume de l'Agartha ? Avez-vous des machines plus perfectionnées que notre bombe atomique et nos avions à réaction ?

Maha Chohan : La civilisation de l'Agartha est uniquement spirituelle et « mentale ». Nous n'avons pas de machines mais des bibliothèques dont vous n'avez pas idée, des peintures, des scultures et, en général, un épanouissement artistique qui vous paraîtrait prodigieux.

LA PROPHÉTIE DU ROI DU MONDE

Au cours d'une visite au monastère du houtouktou de Narabanchi, au début de l'année 1921, voici ce qu'il raconta à Ferdinand Ossendowski :

« Quand le Roi du Monde apparut devant les lamas, favorisés de Dieu, dans notre monastère, il y a trente ans, il fit une prophétie relative aux siècles qui devaient suivre. La voici : »

« De plus en plus, les hommes oublieront leurs âmes et s'occuperont de leurs corps. La plus grande corruption règnera sur la terre. Les hommes deviendront semblables à des animaux féroces, assoiffés du sang de leurs frères. Le Croissant s'effacera et ses adeptes tomberont dans la mendicité et dans la guerre perpétuelle. Ses conquérants seront frappés par le soleil, mais ne monteront pas deux fois; il leur arrivera le plus grand des malheurs, qui s'achèvera en insultes aux yeux des autres peuples. Les couronnes des rois, grands et petits, tomberont : un, deux, trois, quatre, cinq, six, sept, huit... Il y aura une guerre terrible entre tous les peuples. Les océans rougiront... la terre et le fond des mers seront couverts d'ossements... des royaumes seront morcelés, des peuples entiers mourront... la faim, la maladie, des crimes inconnus, des lois que jamais encore le monde n'avait vues. Alors viendront les ennemis de Dieu et de l'Esprit divin qui se trouve dans l'homme. Ceux qui prennent la main d'un autre périront aussi.

Les oubliés, les persécutés se lèveront et retiendront l'attention du monde entier. Il y aura des brouillards et des tempêtes. Des montagnes dénudées se couvriront de forêts. La Terre tremblera... des millions d'hommes échangeront les chaînes de l'esclavage et les humiliations pour la faim, la maladie et la mort. Les anciennes routes seront couvertes de foules allant d'un endroit à un autre. Les plus grandes, les plus belles cités périront par le feu... une, deux, trois... Le père se dressera contre le fils, le frère contre le frère, la mère contre la fille. Le vice, le crime, la destruction du corps et de l'âme suivront... Les familles seront dispersées... La fidélité et l'amour disparaîtront... De dix mille hommes, un seul survivra... il sera nu, fou, sans force et ne saura pas se bâtir une maison ni trouver sa nourriture... Il hurlera comme le loup furieux, dévorera des cadavres, mordra sa propre chair et défiera Dieu au combat... Toute la Terre se videra. Dieu s'en détournera. Sur elle se répandra seulement la nuit et la mort.

Alors j'enverrai un peuple, maintenant inconnu, qui, d'une main forte, arrachera les mauvaises herbes de la folie et du vice et conduira ceux qui restent fidèles à l'esprit de l'homme dans la bataille contre le mal. Ils fonderont une nouvelle vie sur la terre purifiée par la mort des nations. Dans la centième année, trois grands royaumes seulement apparaîtront qui vivront heureux pendant soixante et onze ans. Ensuite il y aura dix-huit ans de guerre et de destruction. Alors les peuples d'Agharti sortiront de leurs cavernes souterraines et apparaîtront à la surface de la Terre.»

CERTAINES PORTES
DE LA TERRE INTÉRIEURE

D'autres sources nous renseignent sur la Terre intérieure et ses accès.

Voici un extrait du message que le *comte de Saint-Germain* (*Richard Chanfray*) livra en France, en 1972, dans un disque 45 tours.

« ... Comment je suis revenu parmi vous ? J'ai une base en France. Elle est à Chartres. Oui, bien plus exactement, elle est située sous la cathédrale de Chartres, à une centaine de mètres en dessous. Au centre même du labyrinthe. Je vous expliquerai tout à l'heure ce qu'est le labyrinthe. Il me faut d'abord vous décrire notre base. À la vérité, son entrée ne se trouve pas sous la cathédrale. Elle se situe à quatre kilomètres de la ville, à un endroit secret que je suis le seul à connaître. Je n'y ai amené un homme qu'une fois. Cet homme, dont je tairai le nom parce qu'il ne veut pas que je le prononce, est industriel dans l'électronique en Europe. Mais c'est aussi Casanova. Il ne le savait pas avant de me rencontrer et il ne me croyait pas. Je voulais le convaincre de sa réalité, alors je l'ai amené à ma base et je lui ai fait parcourir les quatre kilomètres qui séparent la cathédrale de l'entrée. Je lui ai fait vivre un spectacle qu'il n'est pas près d'oublier. Sous ses yeux, tout un pan de terre avec ses arbres s'est soulevé par lévitation, découvrant le souterrain qui conduit à ma base, sous la cathédrale. Le suivant, je l'ai conduit à la salle où sont rangés mes appareils. Nous sommes entrés ensemble dans l'un de ces appareils. Et il a revécu dans le temps toutes les périodes de sa vie. Quand il était riche, très riche... Quand il était pauvre, en prison... Je lui ai fait revivre en quelques instants toutes ses aventures amoureuses.

... Depuis quelques jours, la base de Chartres a été transférée à l'Agartha, au Tibet...

Je veux un instant cesser de parler de moi, pour répéter cette vérité que j'ai pu vérifier : la Terre est creuse. L'Agartha en est la preuve. Même si les humains ne sont pas encore parvenus à faire la preuve de l'Agartha. L'Agartha se trouve au Tibet, sous le Tibet, exactement sous l'Himalaya.

Pour les grands maîtres de l'Himalaya, l'Agartha représente le zéro mystique. Parmi les 22 temples, figurant les 22 arcanes d'Hermès et les 22 lettres de l'alphabet sacré. Le zéro mystique, c'est l'introuvable. Le zéro, c'est-à-dire tout ou rien. L'Agartha, c'est le centre du monde souterrain. Le premier palier se trouve à 2 400 mètres sous l'Himalaya. On y pénètre de la même façon que je pénètre dans ma base, à Chartres. Un pan de roche lévite, se soulève, pour laisser passer les hommes ou les appareils. Ce premier palier donne accès à la ville proprement dite. C'est là que sont les appareils; c'est là aussi que sont les jardins. Il n'y a pas que des initiés en Agartha. Ceux qui y vivent ne peuvent pénétrer dans le monde souterrain qui est immense et qui n'a plus rien à voir avec le premier palier. Ils ne sont pas conditionnés pour subsister dans cette atmosphère. Il y règne une chaleur épouvantable. Ceux qui y vivent sont les anciens Atlantes.

La première salle de l'Agartha mesure 800 mètres de long sur 420 mètres de large. Elle a une hauteur de 110 mètres. Elle a la forme d'une pyramide. Les documents égyptiens parvenus jusqu'à vous n'ont jamais livré la moindre indication sur la matière dont avaient été construites réellement les pyramides. Les pyramides d'Égypte sont une copie de l'Agartha. Elles ont été construites en un point donné. Elles sont en relief ce qu'est la salle en creux. Tout est dans tout. Elles ont été transportées par anti-pesanteur à l'endroit où elles se trouvent actuellement. Voilà le secret de l'origine des pyramides.»

Certains diront que ce sont des histoires... Nous disons qu'ils n'ont aucune idée du pouvoir que détiennent les Maîtres Ascensionnés sur la matière. Comme nous disons qu'ils ne connaissent rien de la Terre, ce véhicule spatial qui les abrite, ni de leur propre corps et de la nature de leur être intérieur.

VISITE D'UNE SECTION DE LA TERRE INTÉRIEURE DONT L'ENTRÉE SE TROUVE DANS LE DÉSERT D'ARABIE

Voici un extrait de l'ouvrage *The Magic Présence*, de Godfré Ray King. Il y relate ses expériences accompagné d'un groupe d'étudiants, élèves très avancés de Saint-Germain, qui sont à la dernière phase de préparation de leur ascension dans la lumière.

« ... Immédiatement à notre arrivée, un homme de grande stature, enveloppé d'une cape indigo, nous souhaita la bienvenue. Il salua chacun en particulier très cordialement et nous demanda de regagner nos autos. Alors, si un cataclysme s'était produit, nous n'aurions pas été plus surpris, car, juste devant nous, le sol s'ouvrit, découvrant une entrée comme une mâchoire métallique, suffisamment grande pour donner passage aux autos. Cela conduisait à une route pavée en plan incliné. La mâchoire était actionnée par une machinerie puissante et, lorsqu'elle se ferma derrière nous, quelques instants plus tard, selon toute apparence, le sol était simplement le désert d'Arabie.

Pendant que les autos roulaient sur la route en pente, les murs devinrent lumineux. C'était cette douce lumière blanche que nous connaissions déjà et que les Maîtres Ascensionnés emploient toujours pour illuminer les tunnels, grottes et tous les passages souterrains.

Nous avançâmes lentement pendant une vingtaine de minutes et débouchâmes dans une salle circulaire d'environ soixante-six mètres de diamètre. C'était une espèce de garage complètement équipé et desservi par des mécaniciens très experts.

Le Frère à la cape indigo nous conduisit vers ce qui semblait être un ascenseur. Nous descendîmes d'environ cent vingt-six mètres et pénétrâmes alors dans une énorme salle avec des colonnes d'une centaine de mètres de haut. Ces colonnes étaient surchargées de hiéroglyphes marquetés de belles couleurs. Nous découvrîmes par la suite que c'était l'ancien foyer d'un palais gouvernemental. Notre guide nous fit traverser cette salle et, par une grande porte cintrée s'ouvrant à son commandement, il nous fit pénétrer dans une autre salle magnifiquement décorée. Le plafond, voûté et soutenu par une unique colonne centrale, était abondamment décoré. Les dimensions de cette salle devaient être approximativement de soixante-six mètres dans chaque direction. Ici, le Frère à la cape indigo rompit le silence et dit : "C'est une de nos principales salles de Conseil que nous employons souvent comme salle de banquet. Bien-aimés Sœurs et Frères, vous, qui n'êtes pas encore formellement admis dans notre Ordre, êtes les premiers étudiants admis dans ce très ancien Centre, bien que vous ne soyez pas encore acceptés dans les Activités extérieures de cette branche de la Fraternité Blanche. Mais vos lettres de crédit sont largement suffisantes, je vous assure !" Sur ces mots, il retira le capuchon de sa cape et notre Bien-aimé Maître Saint-Germain se trouva devant nous. Nous étions enchantés et nous nous sentîmes immédiatement à la maison.

"Vous serez conduits vers vos quartiers et, après vous être rafraîchis et avoir mis vos Robes sans coutures, venez me rejoindre ici."

Un jeune homme et une jeune fille vinrent nous montrer le chemin vers nos chambres. Plus tard, lorsque nous revînmes dans la Salle du Conseil, un certain nombre de Frères étaient déjà présents et conversaient avec Saint-Germain. "Dans sept jours, expliqua-t-il, un Conseil de la Grande Fraternité Blanche se tiendra dans ce Centre. Les Membres les plus élevés seront présents, car ce genre de Conseil n'est convoqué que tous les sept ans. À cette occasion, vous serez créés Membres du Corps extérieur aussi bien que du Corps intérieur. Veuillez vous asseoir car je veux vous donner quelques détails concernant la cité dans laquelle vous vous trouvez."

Il nous gratifia alors d'un de ses merveilleux discours et il nous combla d'émerveillement pour tout ce qu'il y a de choses extraordinaires sur cette planète, sans parler du reste de l'Univers.

"Il fut un temps, dit-il, où cette ville était à la surface de la Terre. Certains Maîtres Ascensionnés, sachant qu'un cataclysme était proche, en scellèrent une partie afin de la préserver pour un emploi futur. Au cours de la catastrophe, la ville fut profondément ensevelie sous le niveau original et le pays environnant, transformé en désert, recouvrit l'emplacement ancien de ses sables. Les toits des monuments les plus hauts se trouvent actuellement à trente-quatre ou trente-cinq mètres sous le sol. Des cheminées d'aération ont été tenues ouvertes et assurent une parfaite ventilation. C'est dans cette cité souterraine que les inventions les plus perfectionnées que le monde connaisse en matière de chimie ont été mises au point. Nous avons toujours trouvé dans le monde extérieur des hommes ou des femmes qui ont été dignes de recevoir l'inspiration nécessaire pour la manifestation de cette Bénédiction. Dès que les Maîtres Ascensionnés l'estimeront sage, bien des inventions, qui sont déjà au point ici, pourront être données pour l'usage dans le monde extérieur. Un nouveau cataclysme se produira, enlevant de la Terre tous ces humains qui, dans leur ignorance et leur présomption, osent dire : 'Il n'y a pas de Dieu'. Ceux qui sont à ce point liés dans leur obscurité auto créée qu'ils détruisent sur la Terre tous les symboles du Bien, du Vrai, de ce qui élève et illumine, doivent, à cause de la noirceur de leur propre mental, être empêchés de créer encore davantage de discorde et d'influencer autrui par leurs concepts erronés de la Vie. Celui qui dénie l'existence de Dieu, la Source de toute Vie et de toute Lumière, ne peut exister qu'aussi longtemps que l'énergie déjà reçue peut le maintenir. Au moment où un individu, un groupe ou une nation renie la Source de la Vie, à cet instant le flot de l'Énergie vitale est coupé…"

Plus tard, Saint-Germain nous dit :

"Maintenant, vous devez vous reposer et après, j'aurai le privilège de vous guider dans cette cité souterraine où vous verrez les Frères à l'Oeuvre. Je ne vous demande qu'une chose : aucun détail de cette Oeuvre ne sera dévoilé sans l'autorisation du Maître Supérieur responsable."

Malgré toutes nos nombreuses expériences, cela me semblait toujours merveilleux de voir apparaître les choses sur Commandement Conscient de ces Maîtres Ascensionnés bénis. Tout venait directement de la Substance Universelle dès qu'ils le désiraient, la nourriture, les vêtements, l'or, absolument tout ce dont ils avaient besoin. Ils sont tout ce que le mot "Maître" implique. C'est l'unique description qui leur rend justice. Ils sont Glorieux et Majestueux toujours !

"Venez, dit Saint-Germain, nous irons d'abord à la salle de télévision." Nous le suivîmes dans une grande salle circulaire. Au centre se trouvait un énorme réflecteur entouré d'une foule inextricable d'appareils électriques. Sur un des côtés se trouvait un grand cadran d'appel.

"Cette salle est isolée d'une façon spéciale qui nous permet de faire des observations d'une très grande précision. Au moyen de cet instrument, en centrant le cadran sur un point quelconque de la surface de la Terre, nous pouvons voir immédiatement n'importe quel endroit ou activité à n'importe quelle distance. Faites attention, je vais brancher sur New York." Il tourna le cadran et nous vîmes, aussi clairement que si nous avions été à Manhatan, la station du Grand Central, la 5e Avenue et la Statue de la Liberté. Ensuite, tournant le cadran sur Londres, nous vîmes Trafalgar Square, le Parlement, le British Museum, la Banque d'Angleterre et la Tamise. Il tourna et Melbourne et Yokohama apparurent. Nous pouvions observer tout aussi clairement que si nous y étions physiquement présents. "Ce merveilleux instrument a été employé dans ce Centre depuis plus d'un siècle. Venez maintenant dans la salle voisine. C'est la chambre de la radio. Remarquez le silence qui y règne. Les murs, le parquet et le plafond sont recouverts avec une substance précipitée qui les rend absolument isolés de tout son et de toute vibration."

Il se dirigea vers un instrument qui se trouvait au centre de la pièce et l'accorda sur New York. Immédiatement, nous entendîmes le bruit du trafic et, en écoutant plus attentivement, il fut possible de saisir la conversation des personnes circulant dans la rue. Toute distance était supprimée.

"Cet instrument, dit Saint-Germain, sera bientôt employé partout. Allons maintenant au laboratoire de chimie où les Frères travaillent à de nombreuses inventions étonnantes. Des moyens pour neutraliser des gaz destructifs et des produits chimiques et autres moyens que les forces sinistres et leurs suppôts infortunés essayent d'employer contre l'humanité, sont mis au point ici. Les Frères de ce Centre travaillent spécialement à ces recherches.

Chaque fois qu'un humain égaré découvre quelque moyen de destruction extraordinaire, il perd son corps physique quand ses recherches diaboliques atteignent un certain point, car la qualité destructive qu'il veut employer contre le corps des humains réagit sur le sien."

La Salle des Rayons Cosmiques

Nous visitâmes ensuite la Salle des Rayons Cosmiques.

"Cette chambre, dit Saint-Germain, est tapissée avec de l'or pur métallique. Les Frères qui travaillent ici, ayant un certain degré de réalisation, sont instruits des différences existant entre les Rayons et ils les dirigent pour accomplir un Bien immense. Les Grands Maîtres Ascensionnés recherchent constamment dans le monde des Étudiants assez avancés pour être initiés à ce Service."

Bob, comprenant ce genre de Service, devint soudainement très enthousiaste. "C'est de cette manière que j'aimerais servir !" s'exclama-t-il. "Eh bien, nous verrons, dit Saint-Germain en souriant d'un air entendu. Parmi ceux qui travaillent ici, il y a sept Frères et trois Sœurs qui sont sur le point de terminer leur entraînement dans l'emploi de ces Rayons. Pendant le prochain Conseil, leur champ d'activité leur sera indiqué. Il leur a fallu s'entraîner pendant plusieurs incorporations.

Nous allons maintenant visiter la Salle des Arts où vingt Frères et dix Sœurs sont initiés à un nouveau genre d'art qu'ils iront créer dans le monde extérieur. Ils étudient la formule secrète des couleurs indestructibles; d'ici à une vingtaine d'années, cette forme d'art sera répandue dans l'humanité et elle apportera une grande élévation. D'ici nous allons pénétrer dans la Salle de Musique. C'est un endroit très beau et la perfection des instruments est vraiment remarquable. Voici un nouveau métal pour les instruments d'orchestre", dit-il. Il nous montra ainsi plusieurs alliages donnant un son incroyablement délicat. Il y avait trois matériaux nouveaux pour des violons. L'un ressemblait à de la nacre, l'autre à de l'argent givré et le troisième à de l'Or romain. Les instruments musicaux du Nouvel Âge en seront confectionnés.

Un des Frère joua de ces instruments pour nous et je crois que jamais oreille humaine n'a été bénie par de plus beaux sons. Tous très différents mais également beaux, il eût été difficile de choisir entre eux. Dans des salles attenantes, certains Frères écrivaient de belles compositions musicales et ces harmonies magnifiques étaient alors projetées dans la conscience des musiciens qui travaillent dans le monde extérieur.

"Certains de ces Frères, dit Saint-Germain, viendront dans l'activité extérieure comme des professeurs, tandis que d'autres serviront du côté invisible de la Vie.

Nous entrons maintenant dans la Salle d'État. Ici, les formes supérieures de l'art de gouverner et d'administrer l'État et les Nations sont enseignées. Environ quarante Frères sont préparés, comme vous le voyez, à l'emploi correct de cette Science et ils apprennent également à la projeter dans le mental de ceux qui occupent déjà des positions officielles – naturellement, lorsque la sincérité du fonctionnaire le permet. Dix de ces Frères remarquables retourneront dans le monde extérieur et se feront désigner à des positions gouvernementales par la voie ordinaire. Cinq parmi eux iront aux États-Unis."

Pendant la visite de ces différentes Salles et l'observation de l'Oeuvre accomplie par les Frères, nous eûmes le sentiment de recevoir la plus étonnante des éducations de toute notre Vie. Ce fut un tel soulagement de savoir qu'en dépit des circonstances de détresse apparente dans lesquelles l'humanité se trouve actuellement, le Pouvoir de la Puissante Présence I AM tente tout ce qui est possible pour apporter illumination et soulagement à l'humanité ! Nos cœurs et nos espoirs se dilatèrent à l'idée de tout le Bien qui viendrait aux humains, du moins à ceux qui désirent mener une vie constructive. On nous montra des chambres secrètes d'une richesse inexprimable, des enregistrements si anciens qu'il est difficile de s'en faire une idée. **Certains remontaient jusqu'à l'origine de l'humanité terrestre.** À notre retour à la Salle du Conseil, nous constatâmes que la visite avait duré huit heures.

Sur tout le parcours dans cette étonnante cité souterraine régnait la propreté la plus rigoureuse; pas un grain de poussière, ni de saleté, ni le moindre résidu. Tout était en parfait état, immaculé. Comme cela nous surprenait, Saint-Germain donna l'explication de la Loi concernant ce phénomène :

"Cette propreté parfaite est maintenue par l'emploi conscient des Grands Rayons Cosmiques et d'ici un siècle, des centaines de ménagères emploieront le Rayon Violet pour tenir leurs demeures privées dans le même parfait état. Puisse l'humanité réaliser rapidement quelle Gloire, quelle Liberté et quelles Bénédictions sont tenues en réserve pour l'emploi immédiat, dès que l'attention sera fixée sur des Idéaux de Perfection, sans défaillance et avec ténacité, dès que les êtres auront une confiance totale dans leur Puissante Présence I AM et la reconnaîtront comme l'Unique Pouvoir réel de tout accomplissement permanent."

Brusquement, nous ressentîmes une Vibration formidable et, en nous retournant, nous aperçûmes cinq Maîtres Ascensionnés arrivés de l'Inde, car les Messieurs portaient des turbans. Il y avait deux Dames et trois Messieurs. Les présentations faites nous fûmes surpris, car nous avions souvent entendu parler d'un des Maîtres et de l'une des Dames. Le Maître s'adressa à Rex, Bob et moi et la Dame à Nada et à Pearl, nous invitant gracieusement à être leurs invités pendant tout notre séjour aux Indes. Parlant à l'ami de Gaylord, le Maître dit : "Auriez-vous l'obligeance de venir à nous avec ces amis lorsqu'ils seront prêts ? Nous voulons les accueillir pendant leur séjour aux Indes." "Je serai très heureux, fut-il répondu, d'accepter votre invitation et je les conduirai à Bombay sur mon yacht."

Saint-Germain nous pria tous de nous asseoir et nous pûmes goûter la Joie d'un autre dîner précipité. Il nous parut plus délicieux que jamais.

Nous écoutâmes très attentivement l'exposé du travail projeté et le rapport sur ce qui avait été accompli. Pour la première fois de ma vie, je compris à quel point le monde extérieur est ignorant de cette véritable activité intérieure et quelle est la mesquinerie de l'agitation humaine en comparaison avec ces accomplissements des Maîtres Ascensionnés qui expriment leur complète liberté de Fils de Dieu.

Il est heureux qu'il y ait infiniment plus de façons merveilleuses de vivre que celle menée par l'actuelle humanité. Le jour où l'on devient capable de faire abstraction de ses propres concepts mentaux, assez longtemps pour voir la différence entre le point de vue de l'intellect humain et celui de l'Intelligence Universelle, on commence réellement à apprendre quelque chose d'important...

Le temps avait des ailes. Pendant que nous recevions cet entraînement intensif sous la direction de ces Êtres Parfaits, le jour fixé pour le Grand Conseil International fut vite arrivé !

Les Frères et les Sœurs arrivaient de toutes les parties de la terre et, à l'ouverture du Conseil, plus de deux cents Maîtres étaient présents, la plupart étant les Chefs des différents Conseils Nationaux. Lorsque tous fûrent prêts, nous inclinâmes la tête en silence, attendant l'arrivée du Grand Maître Président.

Soudain, un grand Ovale de Lumière étincelante se forma à la place d'honneur de la table. Nous le fixâmes intensément pendant quelques instants, puis nous vîmes la forme d'un être humain s'y préciser, devenant graduellement plus claire et plus tangible. C'était l'activité vibratoire qui était abaissée jusqu'au point où le corps fut visible et tangible clairement dans notre octave de conscience.

La face de ce grand Être était belle, glorieuse et radieuse; les yeux étincelaient. Tout l'Être était lumineux, radiant la Majesté et le Pouvoir de la Puissante Présence I AM. Aux premiers sons de sa Voix, un choc électrique parcourut mon corps, que je n'oublierai jamais.

"Bien-aimés, asseyez-vous", dit-il. Puis, il écouta les rapports succincts de certains Frères. Il leur exprima son appréciation et, de manière très concise, il donna des Directives pour la suite du travail. Ensuite, il s'adressa à nous :

"Nous pourrons employer les services de beaucoup plus d'étudiants lorsqu'ils seront sur le point d'être formés pour la compréhension et la manipulation des Grands Rayons de Lumière Cosmique. J'ai le privilège de vous informer que nous avons dix étudiants qui sont prêts, s'ils désirent prendre ce Service." Nous étions tous dans une intense expectative lorsqu'il demanda si ceux dont il dirait les noms voudraient se lever s'ils étaient présents. Alors, il nomma : "Nada, Pearl, Leto, Rex, Bob, Electra, Gaylord, l'ami de Gaylord et Daniel Rayborn."

"Bien-aimés Sœurs et Frères d'Amérique, cet évènement nous apporte une grande Joie et est d'une grande importance pour la Fraternité Blanche. Vous êtes dignes de recevoir des félicitations ainsi que la Fraternité, pour cette possibilité. Prochainement, vous irez aux Indes pour un entraînement de dix mois et, ensuite, vous reviendrez ici pour le compléter. Vous serez instruits dans l'emploi de ces puissants Rayons et vous aurez ainsi l'opportunité de rendre un service transcendant. D'ici à quatre jours, vous retournerez à Alexandrie et là, Électra se joindra à vous. Puis, vous vous rendrez à Bombay suivant vos convenances. Votre Hôte Bien-aimé vous conduira à destination. Y a-t-il la moindre objection de quelqu'un choisi pour ce Service ? Si oui, parlez maintenant."

Le pouvoir de manifestation des êtres dans le paradis de la Terre Intérieure

Saint-Germain dit :

"Nous aurons, ce soir, un banquet composé complètement de cuisine cosmique. Beaucoup d'entre vous ont entendu parler de ces activités, mais ne les ont pas réellement vues manifestées. Dans le Grand Trésor Cosmique qui nous entoure, il y a une Substance omniprésente de laquelle tout ce que le Cœur désire peut être produit."

Les belles tables avaient des dessus en jade dont il n'était pas nécessaire de couvrir la magnificence par des nappes. Saint-Germain pria tout le monde de courber la tête en signe d'Acceptation Aimante de la Grande Abondance et Expansion de la Puissante Présence I AM. Comme il terminait sa Reconnaissance à la Source de toute Vie, les couverts du repas apparurent. Les assiettes, les coupes et les soucoupes étaient en porcelaine de Chine rose décorée de roses thé délicates. Les couverts étaient en argent avec des poignées de jade sculptées et les gobelets de jade sculpté remplis d'un nectar doré moussant apparurent à la main droite de chaque invité. Une petite miche de pain de cinq sur cinq sur dix centimètres apparut ensuite sur chaque assiette. Les mets venaient séparément pour chacun, comme s'ils avaient été commandés par lui et chacun recevait ce qu'il désirait le plus. Tous furent servis abondamment et très satisfaits. De grandes corbeilles d'or débordantes de fruits variés et succulents vinrent ensuite et, comme dessert, une espèce de crème fouettée apparut dans des coupes de cristal.

Tout le banquet fut servi sans le moindre bruit de vaisselle; à la fin du repas, Saint-Germain se leva et s'adressa aux convives :

"Les Grands Maîtres Ascensionnés, commença-t-il, ont désiré que vous voyiez, que vous connaissiez et que vous dégustiez des Aliments produits directement de la Substance Cosmique Omniprésente. Cette Substance a été désignée comme étant la Pure Substance Électronique qui remplit l'Infini et à partir de laquelle toutes formes sont créées et toutes manifestations produites. Il vous appartient de manipuler cette Substance Illimitée qui vous environne partout; vous pouvez lui faire prendre forme, sans restriction, à condition de rester en contact assez intime, assez sincère et sans interruption, avec la Puissante Présence I AM en vous. Ce Glorieux Être Angélique Puissant qui est votre Être réel et qui déverse constamment Son Énergie dans votre cerveau et votre corps physique est 'Dieu Individualisé' au point où vous vous trouvez dans l'Univers et c'est à vous de donner à cette Substance Cosmique telle forme que vous décrétez.

Pour l'être humain qui ne reconnaît pas ou ne veut pas reconnaître la Puissante Présence I AM, l'Usage, la Joie et la Liberté que donne ce Grand Bienfait de la Précipitation directe demeurent inemployés. La crainte, le doute, la haine, la colère, l'égoïsme ou la luxure construisent un mur infranchissable autour de lui, bannissant le Pouvoir et la Perfection qui, sinon, se manifesteraient."»

D'après tous les faits confirmés par un grand nombre d'explorateurs arctiques et des expériences vécues rapportées par plusieurs personnes, nous aboutissons aux conclusions suivantes :

1. Il n'y a en réalité ni pôle nord ni pôle sud. Là où l'on suppose qu'ils se trouvent, il existe en fait de larges ouvertures conduisant à l'intérieur de la Terre, lieu qui est habité et dont les accès sont protégés.

2. Les soucoupes volantes viennent de cet intérieur creux et elles ont été construites par les hommes.

3. L'intérieur de la Terre est réchauffé par son soleil central qui est la source de l'aurore boréale. Son climat est subtropical, ni trop chaud ni trop froid.

4. Les explorateurs polaires ont découvert que la température s'élevait dans l'extrême nord; qu'une mer libre s'ouvrait devant eux; que des animaux, en plein hiver, marchaient vers le nord pour chercher de la nourriture et de la chaleur, au lieu d'aller vers le sud. Ils ont noté avec stupeur que l'aiguille de la boussole se mettait à la verticale, puis s'affolait. Ils ont vu des oiseaux tropicaux, des animaux qui ont besoin de chaleur. Ils ont repéré des papillons, des moustiques, des insectes de toutes sortes. Ils ont trouvé de la neige colorée de pollen et de poussière noire. Et plus ils avançaient vers le nord, plus il y en avait.

5. Une population importante habite la surface concave intérieure de la croûte terrestre. Elle offre une civilisation très en avance sur la nôtre dans ses réalisations scientifiques; elle est probablement issue des continents disparus de Lémurie et d'Atlantide. Les soucoupes volantes ne sont qu'une de leurs nombreuses inventions. Nous tirerions le plus grand bénéfice à contacter ces frères aînés de la race humaine. Ils

ont beaucoup à nous apprendre et nous avons besoin de leurs conseils et de leur aide.

6. L'existence d'une terre au-delà des pôles est certainement connue de la marine américaine à laquelle appartenait l'amiral Byrd lorsqu'il accomplit ses deux vols historiques. Mais il y a dans ce domaine un top secret international.

LE PAYS
DE SHAMBHALA
ET SES ROIS

Extrait de *Shambhala Oasis de Lumière*, d'Andrew Tomas

Une brève compilation des enseignements écrits et oraux de la Kalachakra se rapportant à Shambhala, spécialement composée pour ce livre (Shambhala Oasis de Lumière) par Khamtul Jhamyang Thondup, Secrétaire-Assistant du conseil des affaires religieuses et culturelles de Sa Sainteté le Dalaï Lama. (Traduit du tibétain par Sherpa Tulku et Alexander Berzin de la bibliothèque des ouvrages et manuscrits, Dharamsala, Inde.)

En ce qui concerne la description du pays de Shambhala, son apparence varie selon chaque position spirituelle. Par exemple, une seule et même rivière sera vue, par les dieux comme un fleuve de nectar, comme de l'eau par les hommes, comme un mélange de pus et de sang par les fantômes affamés et, par certaines autres créatures, comme un élément dans lequel on vit. En conséquence, il est difficile d'en donner une définition précise. Toutefois, les enseignements de la Kalachakra fournissent la description physique de Shambhala comme suit :

Dans un centre de vide absolu sont concentrés les atomes des cinq éléments : la terre, l'eau, le feu, l'air et l'éther avec leurs potentialités.

Quant à sa situation géographique, le continent central du sud est divisé en six régions. Partant du nord, elles sont appelées : Pays des Neiges, Shambhala, Chine, Khotan, Tibet et Inde.

SHAMBHALA, OASIS DE LUMIÈRE

Extérieurement, Shambhala est de forme circulaire et entouré de montagnes aux cimes neigeuses. Intérieurement, il a la forme d'un lotus épanoui à huit pétales. Dans le centre se dresse un grand pic d'une lumineuse blancheur, qui serait comme le cœur de la fleur. Au nord sont situées les constructions du palais où résident les Saints Rois ou Détenteurs des Castes.

Ce palais est plus vaste que celui d'Indra ; il est carré et possède quatre portes. Des déesses dansantes sont sculptées en corail sur les murs extérieurs. L'édifice a neuf étages au-dessus desquels flotte une bannière représentant la Roue de Dharma encadrée d'un couple de daims. Les trois enceintes qui entourent le palais rehaussent sa beauté. La construction est recouverte d'un toit de tuiles en or de Jambu d'où pendent des ornements de perles et de diamants. Les dessins linéaires qui ornent la partie supérieure des murs extérieurs sont en argent et les corniches sont en turquoise.

Les fenêtres du palais sont en lapis-lazuli tandis que les portes et les linteaux sont ornés d'émeraudes et de saphirs. Il a des auvents, des bannières d'or et il est recouvert d'un toit de joyaux et d'un cristal générateur de chaleur tandis que le sol est revêtu d'un cristal réfrigérant. Les piliers et les poutres sont en pierre jaspée, en corail, en perles, etc.

Le palais renferme d'inestimables trésors, tels que le vase de l'inépuisable richesse, la vache qui comble tous les vœux, la moisson non semée et l'arbre qui exauce les désirs.

Dans les trois zones environnantes résident les huit Dieux, les huit Nagas, les dix Protecteurs de Directions, les neuf Grands Destructeurs, les huit Planètes Majeures, les vingt-huit Constellations, etc... tous entourés de nombreuses re-présentations symboliques.

Au centre de cet immense palais s'élève un trône d'or re-posant sur huit lions duquel commandent les vingt-cinq Dieux-Rois qui manifestent avec éclat la vertu de l'Unité Universelle. Les trésors des dieux, des Nagas et des hommes sont entassés en tous lieux. En outre, de nombreux objets usuels se trouvent partout. Ils furent créés sur la terre par le pouvoir d'une science supérieure.

LE PASSÉ ET L'AVENIR DE L'HUMANITÉ

Peu de temps après la formation du monde, divers types de créatures apparurent graduellement dans des zones supé-rieures et inférieures. En ce temps-là, les humains naissaient par transformation. Au cours de leur vie, tout ce qu'ils dé-siraient se réalisait. Ils ne dépendaient ni du soleil, ni de la lune pour recevoir la lumière, ayant eux-mêmes leur propre source d'éclairage. Leur vie était extrêmement longue et les mots même de « maladie », « guerre », « famine » leur étaient inconnus. Leur félicité était égale à celle des dieux. Cette époque fut connue comme l'Âge Parfait.

Les humains prospéraient, usant des sources d'énergie naturelles et vivant de récoltes qui n'avaient pas à être semées. Mais, comme le temps passait, les actions et les pensées des hommes devinrent plus brutales. Les humains éprouvèrent de l'attirance les uns pour les autres, se sourirent, se touchèrent, s'enlacèrent et connurent le plaisir des sens. Ce fut pour cette raison que se différencièrent les organes sexuels mâles et femelles. De l'union des deux semences survint la naissance du sein de la femme. Puis les erreurs s'amplifièrent. La distinction entre « le mien » et « le tien » s'établit et l'entassement des richesses devint un but. Les conditions de vie dégénérèrent et l'Âge des Conflits commença.

Lorsque la durée de l'existence humaine était de 60 000 ans apparut le Bouddha Krakucchanda, fils du roi Varada. Après que ses enseignements eurent disparu, vint le Bouddha Kanakamuni, fils du roi Chandra. La moyenne de la vie humaine était alors de 40 000 ans. Quand elle se réduisit à 20 000 ans, parut le Bouddha Kasyapa, fils du roi Krki. Puis, lorsque les hommes ne vécurent plus que cent années, le quatrième des Bouddhas, Sakyamuni, fils du roi Suddhadana fit son apparition sur la terre.

Il accomplit les douze tâches d'un Bouddha qui sont : la Venue du ciel Tusita, la Conception, la Naissance, l'Enseignement et la Maîtrise des Arts, le Mariage, le Renoncement, la Recherche de l'Illumination, l'Ascétisme, la Conquête des Maras (forces mauvaises A.T.), l'Illumination, le Mouvement de la Roue du Dharma et le Pari-Nirvana. Par l'accomplissement de ces douze tâches, il apporta d'infinis bienfaits à tous les êtres vivants.

Cependant, de nombreux non-bouddhistes adoptèrent la religion La-lo et détruisirent de nombreux monastères bouddhiques. Il a été dit que la croyance La-lo devait durer 1 800 ans. La plupart des adeptes de la foi La-lo, comme d'autres non-bouddhistes, ne s'appuient pas sur la méditation ou les idées philosophiques, mais semblent suivre les voies profanes de la pensée non critique, qui irait jusqu'à considérer l'accomplissement du mal comme un moyen de pratiquer la religion.

Dans les temps à venir, les La-los se répandront dans de nombreux pays. Ils s'uniront, deviendront très puissants et contrôleront la moitié du monde.

Le vingt-cinquième Détenteur des Castes, Drag-po K'or-lochan, montera sur le trône d'or de Shambhala soutenu par les lions dans l'année du Bélier de Feu du vingt-deuxième cycle (XXVe siècle) et propagera les enseignements du Dharma. Il sera reconnu comme une incarnation de Manjushri.

Le roi La-lo, manifestation des forces athées, rassemblera ses légions à l'ouest de l'Inde, en un lieu nommé Tri-li. Les ministres de La-lo seront portés à croire que personne au monde n'est aussi puissant que ce roi. Et, de ce fait, ils tiendront beaucoup de fiers discours à ce sujet. Puis, les ministres organiseront une surveillance aérienne. Lorsqu'ils détecteront de nombreux signes de l'énorme richesse et du bonheur dans le Pays de Shambhala du nord, leur jalousie ne connaîtra plus de bornes et ils commanderont à leurs légions d'attaquer Shambhala. Cela se passera dans l'année du Bélier d'Eau du vingt-deuxième cycle (A.D. 2425).

Alors, le Maître de Shambhala prendra le commandement des forces assemblées des douze grands dieux – des vaisseaux célestes, volant plus vite que le son, des véhicules actionnés par le feu et la vapeur, des chars blindés et différents types d'armes atomiques. Ainsi, les forces du mal seront-elles anéanties par la puissance des douze dieux.

Après cela, le précieux Dharma sera placé sous la protection directe de Bouddha. Le roi de Shambhala changera de séjour et l'Âge Parfait brillera de nouveau.

Il est à espérer que ce monde, qui est aujourd'hui étranger à la présente humanité, lui sera familier dans un proche avenir. Unis à la hiérarchie des Maîtres de la Terre Creuse, nous formulons le vœux qu'un plus grand nombre de gens ouvrent leur cœur à recevoir cet ouvrage afin que, dans la Conscience, ils se préparent à cette ultime réunification entre l'Intérieur et l'Extérieur, entre le Haut et le Bas, entre la Surface et les Profondeurs de cette Maison, notre Maison, qu'est la Terre.

«Tant que nous n'aurons pas renoncé à nos instincts guerriers, détruit et enterré toutes les armes nucléaires; tant que nous n'aurons pas établi un gouvernement mondial avec une seule justice, une seule police et que nous n'aurons pas réorganisé notre système économique et financier sur une base plus équitable; en un mot, tant que nous ne serons pas devenus meilleurs que nous sommes, il y a de grandes chances que ce Monde souterrain nous soit interdit et que nous ne puissions que rêver aux merveilles de cette fabuleuse civilisation.»

BIBLIOGRAPHIE

Bêtes, Hommes et Dieux .... Ferdinand Ossendowski

Les Secrets de l'Atlantide .... Andrew Tomas

Shambhala Oasis de Lumière .... Andrew Tomas

La Terre Creuse est l'Agartha .... Christiama Nimosus

Des mondes souterrains
au Roi du Monde .... Serge Hutin

La Terre Creuse .... Raymond Bernard

Le Roi du Monde .... René Guénon

Gouvernants invisibles
et sociétés secrètes .... Serge Hutin

Cosmogonie des Roses-Croix ...... Max Heindel

La Présence Magique .... Godfré Ray King

Histoire inconnue des hommes
depuis cent mille ans .... Robert Charroux

René Guénon et
le Roi du Monde .... Bruno Hapel

Le matin des Magiciens .... Louis Pauwels et Jacques
Bergier

Livre jaune no 6 .... Collectif d'auteurs

Le Testament de Rampa .... Lobsang Rampa

Rampa – Les Univers Secrets .... Lobsang Rampa

L'Agartha, Mythe ou Réalité .... Wilfried-René Chetteoui

Les maisons secrètes
de la Rose-Croix .... Raymond Bernard

Le Seigneur du Monde .... Michel Coquet

En route vers l'an 2040 .... Anita Gordon
et David Suzuki

La vie des Maîtres .... Baird T. Spalding

Ces Dieux qui firent
le ciel et la terre .... Jean Sendy

Quand l'Atlantide resurgira .... Roger Facon

Hauts-Lieux sacrés
dans le sous-sol d'Haïti .... Antoine Salgado

TABLE DES MATIÈRES

DÉCOUPEZ ET COMMANDEZ DIRECTEMENT

Qté	Titre	Prix unitaire	Total
	Le Livre de l'Homme Nouveau	29,95 $	
	Les Clefs d'ascension	23,95 $	
	La Terre Intérieure ou le Paradis terrestre retrouvé	23,95 $	
	CD – Saint-Germain : Sa Voix – Son Message – Ses Révélations – Sa Promesse.	22,00 $	
	CD – Enracinement et détente pour un meilleur équilibre du Corps, de l'Âme et de l'Esprit	22,00 $	
		TPS :	
	(Résidents du Québec seulement)	TVQ :	
		Total :	

Nom :	
Adresse :	
Ville :	
Province :	
Pays :	
Code postal :	

Postez à :
Les Éditions Saint-Germain-Morya Inc.
6389 rue d'Iberville, Montréal, QC
Canada H2G 2C5